江苏历史文化保护大师谈

主编

江苏省住房和城乡建设厅
江苏省城乡发展研究中心

U0283159

中国建筑工业出版社

图书在版编目（CIP）数据

江苏历史文化保护大师谈 / 江苏省住房和城乡建设厅, 江苏省城乡发展研究中心主编 . —北京：中国建筑工业出版社，2024.1

ISBN 978-7-112-29517-3

Ⅰ. ①江… Ⅱ. ①江… ②江… Ⅲ. ①历史文化名城—保护—研究—江苏 Ⅳ. ①TU984.253

中国国家版本馆 CIP 数据核字（2023）第 251590 号

责任编辑：宋　凯　张智芊
责任校对：王　烨

江苏历史文化保护大师谈

江苏省住房和城乡建设厅　江苏省城乡发展研究中心　主编

*

中国建筑工业出版社出版、发行（北京海淀三里河路 9 号）

各地新华书店、建筑书店经销

华之逸品书装设计制版

北京富诚彩色印刷有限公司印刷

*

开本：787 毫米×1092 毫米　1/16　印张：13¼　字数：195 千字

2024 年 4 月第一版　　2024 年 4 月第一次印刷

定价：**128.00** 元

ISBN 978-7-112-29517-3

（42276）

今天的江苏既是我国人口、经济和城镇最密集的区域之一，也是保有最多国家级历史文化名城、中国历史文化名镇和中国历史文化街区的省份。在快速城镇化进程中，保护好、传承好历史文化遗产，离不开一代代规划建设者的坚持坚守。正是他们持之以恒的努力奉献，为江苏在快速嬗变的年代留住了"不变"的文化根脉，塑造了城市的文化性格，更成为文化自信的底气所在。

通过这些亲历者、实践者、推动者、见证者的深情讲述，还原历史文化名城保护的真实历程，记录历史文化工作者的亲身经历与实践探索，对于我们回望来时之路，明确历史文化保护未来之方向，具有重要的意义。

早在2017年，作为江苏中华优秀传统文化传承发展工程的一项工作内容，江苏省住房和城乡建设厅印发了《关于推进江苏传统建筑和园林营造技艺传承工程的实施意见》，在开展基础研究、数字化平台建设和乡土人才培养等工作的同时，积极开展抢救性记录，访谈了22位院士、设计大师和传统营造技艺非物质文化遗产代表性传承人，整理出版了《江苏传统营造大师谈》。今年，聚焦历史文化保护议题，我们又历时一年，策划访谈了15位长期从事江苏历史文化保护研究的专家学者、奋战在历史文化保护一线的实践者和推动者，并编辑出版本书，力图多角度展现江苏历史文化保护工作的薪火相传和多元参与。因此，本书可以视为是《江苏传统营造大师谈》的姊妹篇。

习近平总书记一直高度重视历史文化保护工作。2023年7月6日习近平总书记在苏州平江历史文化街区考察时指出，历史文化遗产不仅要在物质形式上传承好，更要在心里传承好。本书的编辑出版也是我们深入学习贯彻习近平总书记视察江苏重要讲话精神，学以致用，用心传承历史文化的一项具体举措。

编者

2023年11月

目录

我与瞻园的

故事

——

叶菊华

我与瞻园的故事

叶菊华

我觉得设计师最大的成就就是，过了很多年看到自己的作品还在那里一点也不过时，而且和情境能够融为一体，这真是最幸福的一件事情。

我于1959年从南京工学院建筑系毕业后，由国家统一分配到刘敦桢主持的"中国建筑理论及历史研究室"工作，我们三个刚入职的学生就一直跟着刘老（刘敦桢）修瞻园，直到研究室撤销。但是瞻园没有修完，因为当时南京市园林管理处没有那么多经费，所以只能分段分期修缮。

离开研究室以后，我到了设计院，做了一个工厂的印花车间设计，记得叫"五一印染厂"。刚刚设计完交了图，刘先生（刘敦桢）打电话找我，他说市里面要修缮瞻园，但是他们不知道研究室已经撤销了，联系到刘老，刘老一想，学生都调离了，研究室都没有了，于是刘老就想到我了，他跟市政府讲："我有个学生在你们市设计院，将她借出来。"那一句话，我就被调去修瞻园了。

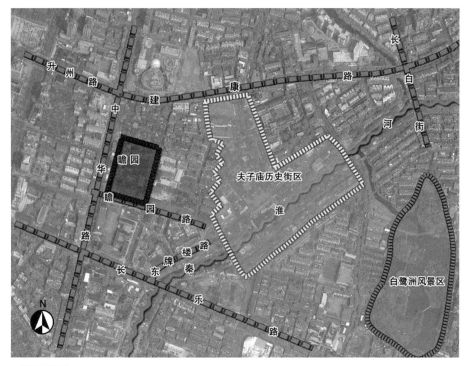

瞻园区位图
图片来源：作者提供

瞻园水廊

图片来源：作者提供

在这一年的时间里，我们都在实实在在地整修瞻园，刘老说："我上午来上班，你必须在研究室，我要看你画的图，跟以前一样。下午我在家里写文章，你就到瞻园去监工。"而我就在瞻园现场监工，每天都是如此。直到 1966 年，正好到最后的一座小假山还没堆完，就停工了。这个时期的修缮还是比较完整的，整个西部的瞻园算是修完了，现在已是全国重点文物保护单位。"文革"时期，我就结束了修缮工作，回到了设计院。

那年（1965 年），正好汇报修瞻园的设计图的时候，市领导提到，太博（太平天国历史博物馆）跟瞻园之间有一个营房，这个营房是后来（建）的，原来也是瞻园的一部分，老的瞻园图纸里面都有。"这个夹在中间多难过啊"，有领导问刘老："刘老你今年高寿？"刘老说："我今年六十九了。"他说："那这样吧，你给我留点东西下来，二期，我现在没有经费，以后有经费把他们搬走。我必须要有设计图，所以要做一个设计储备，你现在就给我设计好！"市里面的意思是让刘老留下二期设计

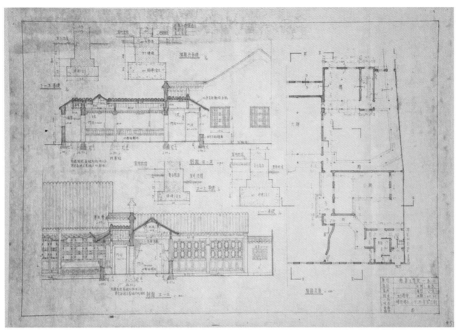

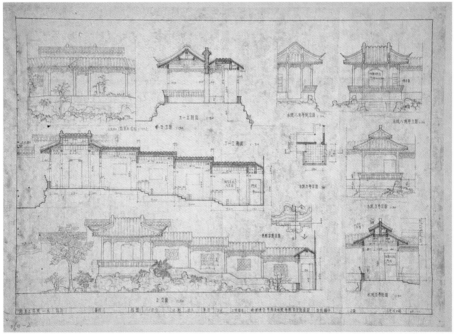

瞻园二期工程建筑设计图

图片来源：作者提供

图纸，刘老答应了，说："那就叫她（叶菊华）画。"我就在旁
边，刘老说："这是我的学生，跟我五年多了，能独立搞这个
设计了。"他就让我设计了，所以说我就每天上午在办公室，
画正在修的设计图和那个未来要扩建的二期图。然后将二期的

设计图储备起来，硫酸纸底图就存在他们（东南大学）历史教研组的橱柜抽屉里，用牛皮纸包起来后收进去的，等待以后有经费了，再把它继续建起来。

这个事情很有意思，我觉得瞻园跟刘老有缘。二期后来是怎么实现的呢？从 1966 年到 1986 年，图纸摆在那个抽屉里，二十年过去了，不知道还有没有了。我曾晒了一套蓝图留在家中，但是原硫酸纸图存在东南大学建筑系历史教研室，不知道还有没有了。1985 年到 1986 年的时候，我开始参与夫子庙的建设工作。那时候提出来的目标是"夫子庙一年小变，三年大变"，变化还是很大的。当时省旅游局正好接到国家旅游总局下发的一个通知，我们要改革开放，接待国外的客人，要拿出

瞻园修整与扩建总平
面图手稿

图片来源：作者提供

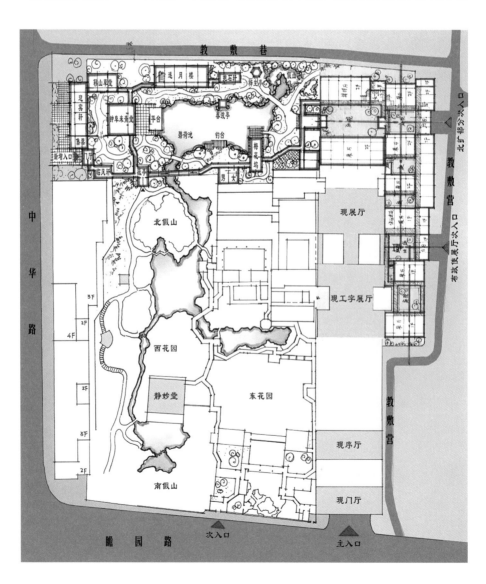

瞻园自"环碧山房"东望园之
中景及远景

图片来源：作者提供

拳头的旅游产品出来，要把能够拿出手的旅游产品报上去。

因为报纸上都在宣传夫子庙，省旅游局的相关负责同志就找到夫子庙来了，那时候我在夫子庙蹲点，一下子就找到我了，跟我说了这个缘由。他说："我要来了解你们做哪些项目，怎么做的。"最后在省旅游局的牵头之下，我们就做了一个"夫子庙秦淮风光带旅游发展规划"。这个规划是临时做的，因为前面没有这个旅游发展规划，所以就请了潘谷西先生，将大成殿先恢复。

1985 年我去（修）夫子庙的时候，已经离开了园林局，到了建委，我才有机会到夫子庙。从那个时候开始就全身心地投入到夫子庙的建设中。省里重视起来以后，我们就赶紧在下半年的时候做了旅游发展规划，昼夜抢时间，收集了好多资料，在年底把它做完了。

过了春节，省旅游局牵头一同赴京汇报，我也随同，并将沿河的长卷图，挂在国家旅游总局办公室的墙上向他们介绍，国家旅游总局的领导一看，兴奋得不得了，一致认为这个项目做对了，秦淮河太有名气了，内秦淮河，十里秦淮诗词歌赋太多了。

| 瞻园不同景观空间
之组合

图片来源：作者提供

汇报完后，经国家旅游总局相关负责同志研究，把夫子庙秦淮风光带旅游发展规划列为国家旅游发展基本建设项目里面的一个重要项目。1986年，我们拿到了国家财政拨改贷款九百万。拿到经费以后，我就向上级领导说了，瞻园二期也是夫子庙的重要景点之一，而且就在夫子庙旁边，市里也想把二期瞻园修复。领导说好，就从这个里面拿出一百五十万。其中一百万修瞻园二期，还有五十万，解决营房的拆迁。当时拆迁有三十几户人家，就在白鹭小区里买了成套的房子给他们搬过去了。这时候我就想到了图纸，我去找潘谷西先生把图给找了出来，已经发黄了，然后晒了蓝图，瞻园二期就这样建起来了。所以，我说刘老还是有福气的，为什么呢？我如果不参与夫子庙二期，不会有人知道，不会有人向市里提出来瞻园还有个二期应将它完善起来。因为我前面修瞻园，后来也修夫子庙，这两件事我都知道，才有了后续的修缮工作。这就是缘分。

临风轩（瞻园北部与
瞻园沟通处）

图片来源：作者提供

瞻园——金陵第一名园

　　瞻园是最具代表性的江南园林之一，也是最具盛名的南京名园。历经六百余载岁月洗礼，始建于明代嘉靖初年，原是明代开国功臣魏国公徐达府邸之西圃，后为江宁布政使司衙署，太平天国时期先后为东王杨秀清府、夏官副丞相赖汉英衙署和幼西王萧有和府。1958 年，"太平天国纪念馆"正式迁入，1961 年改称"太平天国历史博物馆"。瞻园占地面积 25100 平方米，其中建筑面积约9000 平方米。整修与扩建工程历时半个世纪（自 1958 年至 2009 年），前后共分三期。其中，刘敦桢先生主持了一期工程及二期工程的规划设计储备。2006 年，瞻园被公布为第六批全国重点文物保护单位。

叶菊华　江苏省设计大师，教授级高级建筑师、国家一级注册建筑师

我和阅江楼
重建的故事

杜顺宝

我和阅江楼重建的故事

杜顺宝

中国历史上很多著名的建筑都有重建的记录，重建不一定在原地，根据实际情况的变化，异地重建的例子很多。所以我认为重建应当根据实际情况全方位综合考虑，并不一定必须按照原来的样子，那就太古板了。

我在南京参与的历史文化保护方面有关的项目大概有两类，一类是佛寺，像鸡鸣寺、灵谷寺、栖霞寺等；还有一类是景点建筑，像阅江楼。阅江楼是我做的第一个大的项目。鸡鸣寺虽然是一组建筑群，但是它的房子规格不高，结构也简单，又是分期做的，从头到最后大概用了二十几年时间。我是 1993 年接了阅江楼项目，一直到 2001 年才建成，时间跨度还是挺长的。阅江楼项目还带动了两个项目的建设，一个是静海寺，一个是天妃宫。这两类都是历史名胜建筑的重建设计。近几年还建成了一个溧水城隍庙历史文化街区，项目是 2016 年开始，到 2021 年 5 月开放，这又是一类，是综合性的，既有历史名胜建筑，又有现代街区。

我把以上项目归结为历史名胜建筑的重建，不是文物保护意义上的重建，因为一般文物不主张重建。历史上曾经有过许多名胜，现在没了，根据现有条件，选择有价值的，符合现代城市建设要求的可以把它重新建起来。我做这份工作有个原则，就是项目一定要有历史依据，或者文化上要有依据。

阅江楼就是文化上有依据的名

鸡鸣寺

图片来源：星球研究所

溧水城隍庙历史文化街区

图片来源：溧水城建集团

我和阅江楼重建的故事

胜建筑。它历史上没建成，但文化上有依据，就是朱元璋和宋濂的《阅江楼记》。阅江楼建成后，我在泰州设计了望海楼，它是有历史依据的，历史上就叫望海楼，而且位置就在那个地方，这个项目大概是2007年建成的。阅江楼的设计，我的体会就是首先要把握好整体的体量，这是比较关键的。鸡鸣寺比较好办，按照原来体量来没有问题。狮子山是长条形的，在西端拐弯向南，最高点在拐弯的地方，这么高的山，体量怎么确定是个很大的问题。当时下关区领导带我们专门去考察了黄鹤楼、滕王阁。考虑到时代因素，现代城市已经不是明代的城市了，古代老百姓都住在一、两层楼，现在都是一二十层的高楼，城市的尺度变了，所以怎么把握好阅江楼跟山体的关系，必须适应城市环境变化以后的尺度，这是比较关键的。我们做了分析推敲，大致控制楼在地面以上的高度，不要超过原来山体高度的二分之一，这样不会有太大的毛病——因为太小了，跟城市不协调。阅江楼建完了大概一两年，有一次在庐山开

阅江楼景区俯瞰

图片来源：阅江楼景区

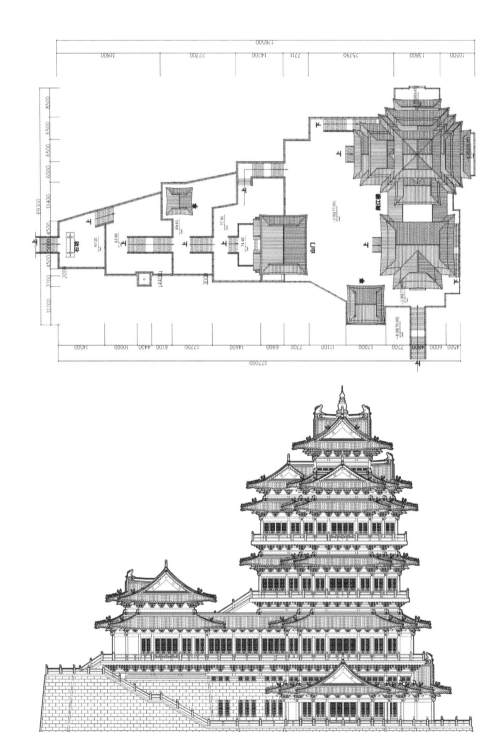

阅江楼总平面图、北立面图

图片来源：作者提供

会，齐康老师跟我讲："你这个楼吴良镛先生肯定了！但是说它大是大了一点。"他这个话我也同意，为什么？因为这个楼是错层的，北面看有四层，南面看三层，从南面看还可以，一到北面看就显得有点高了，因为它是利用地形错开的那一块，靠北的那面一半是房子，另一半是地下消防水池。最近有一个学生采访我，说他看了一篇文章《南京江边，有座楼》，认为这个尺度刚好。因为文中照片拍摄的角度以及近年来山上植物长高的原因，几乎看不到底下一层，楼就不显得很高了。所以我觉得尺度把握上很重要。

楼的形体设计是另一个重要问题。因为狮子山的山体是拐弯的，长江也是从这里拐弯向东流的，所以顺应山水形势，阅江楼的形体也采用拐弯的，是不对称的布局，不对称的布局就会造成楼的设计比较复杂。我最早联想到了北京的角楼和孔庙的城墙角楼，它们都是不对称的。我很想在角楼的屋顶组合上面有突破，曾画了很多设计稿，都不满意，最后还是觉得原来的组合比较理想，只是在做的过程当中做了一些改进，把主屋顶的高度、出檐的尺度做了一些调整，避免屋顶的轮廓线看上去太尖。阅江楼的主屋顶占了很大的分量，重檐再加上顶层

| 狮子山景区总平面图

图片来源：作者提供

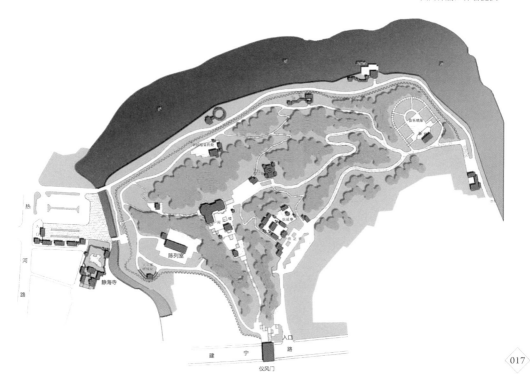

阅江楼

阅江楼斗栱

的十字脊屋顶，一共是三层顶，看上去全是屋顶。

另外就是天妃宫和静海寺的重建，这两个建筑是阅江楼建好几年以后做的，做的时候出现了一个问题。规划局给我们这个地块包括天妃宫、静海寺的用地和商业开发用地，如果按历史遗址的位置布置的话，地块的用地就变得支离破碎。那边一块，这边一块，不好用。后来方案就调整了，把静海寺挪到原天妃宫的位置，天妃宫移到护城河东面，靠城墙了。这样用地就完整了，可以满足用来商业开发。其实我也体谅主管部门对用地如此安排的用心，因为城市建设不能光考虑某一个方面，要综合衡量，统筹安排。而且那个时期是要大力发展城市经济的，我觉得是有道理的。我们的方案就调整过来了，方案一拿出来，研究明代历史的专家就觉得有问题了。有专家在快报上发表文章，说"张冠李戴"，引发社会关注。后来我就写了一封信给报社，向社会作了解释，说明了理由。中国历史上很多建筑都有重建的记录，重建不一定在原地，根据情况的变化，可以有移动或异地重建，这种例子很多。我们认为根据整体综合考虑，这样做是可以的。写了这封信之后，事情才算是了结。

历史名胜建筑重建，我认为不单单是建筑的重建问题，而是名胜文化的传承问题。中国历史名胜非常多，但是不少在

天妃宫

图片来源：南京天妃宫

历史长河中被损毁了，如果现在城市建设需要，我觉得可以有选择性地做一些重建。并不是所有的名胜都需要重建，而是根据用地条件、文化意义和城市建设的需要来决定。所以我在国内做了不少这样的例子，重庆的、山东台儿庄的、浙江绍兴的……有好多这方面的项目，都叫作历史名胜的重建，这本身我觉得就是传承名胜文化。因为名胜建筑是文化的载体，但它又是在一个具体的地方存在的，因而它的本质又带有地理的信息。既是文化载体又有地理信息，而且是历代传承下来的，现在通过重建再传承下去，它的文化意义是不断积累、不断丰富的。比如我最近一直在做南京的凤凰台，因为考古的问题、资金的问题等，这个项目已经持续了10年，到现在方案还没有最后确定。凤凰台也是这个问题，它是一个名胜，特别是李白留下的《登金陵凤凰台》，让它名声非常大，但不仅仅是李白那首诗，宋元明清一直都有人作诗，历时千余年，文化积淀丰厚。对历史文化的保护从单个建筑，慢慢拓展到传承其文化意义的层面会更加全面。所以，不光是建筑本身重建，还要尽可能地把文化信息融合进去。

阅江楼采用什么规格？如何定位？这也是必须准确把握的。《阅江楼记》中的文学描绘很难具体把握，将文学语言变成形象的建筑很难，但意境可以体现。楼是朱元璋要建的，那

明·文伯仁《金陵十八景图》之凤凰台

图片来源：我们的文化旅游院

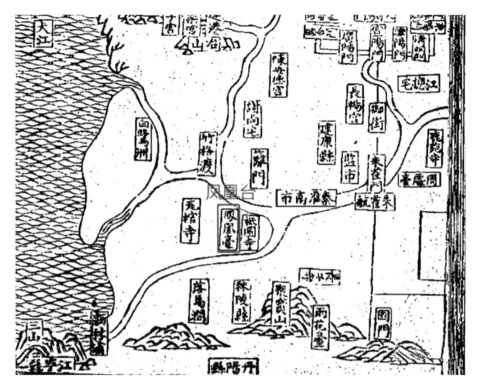

《南朝都建康图》中凤凰台的位置

图片来源：我们的文化旅游院

就是皇家的规格，又属于皇家的景观建筑，不是宫殿，所以它的等级要比宫殿低一些，既要体现皇家气派，但是从色彩上、斗栱的使用上，要保留低一档的级别，所以屋顶我们用的是黄琉璃瓦加绿剪边。这些专业上的技术问题还会碰到行政的干预，有时要耐心向领导作解释，不可盲从。第一次把方案拿出来后，市领导说应该把屋角翘起来，后来我跟他解释，说阅江楼的屋角不能翘起来，因为它是朱元璋盖的房子，要按照官式做，不能起翘，后来领导接受了。第二次我们铺了黄琉璃瓦加绿剪边，市领导说要全部做成黄色的，不能有绿色，我就跟他解释，黄琉璃瓦和绿剪边是皇宫里面的园林建筑，它的等级不能和皇宫一样，他后来也接受了。

我与大报恩寺遗址公园的故事

—— 韩冬青

我与大报恩寺遗址公园的故事

韩冬青

　　我们在历史中创造，自然会跟历史关联。所以我在创作中会下意识地寻找，去理解这个城市的历史。即使现场没有古井、古树这些最本体的要素，建筑的创造仍然是要回答它在历史维度上的价值，当然，这种价值就会同时影响到在空间上的建设。

　　建筑历史与理论研究所的潘谷西先生领导的一个大团队，当时在做金陵大报恩寺遗址的相关研究，比我们做扬州古城南门遗址博物馆项目的时间要早，起码是2004年就开始了。潘先生和南京大学的蒋赞初老师等都知道大报恩寺就在那一片，但是看不到了，地面上都是棚户，密集的棚户，根本看不到大报恩寺的影子，但是他们知道史料记载就在那个区域。根据考古发掘的成果，金陵大报恩寺遗址名列2010年"中国十大考古发现"之一。在这个过程当中，陆陆续续地有新的发现，东南大学建筑学院的建筑历史与理论研究所做过一系列研究。南京市政府、秦淮区也做了多种项目建设可能性的研究，也做了复原性的研究和设计。以明代建筑风格为主的方案也做了很多版，甚至都出施工图了，但潘先生说一直没有找到大报恩寺琉璃塔的准确位置，他觉得这个事儿不踏实，还是下决心要去找。后来真找到了，不仅找到了古塔的所在，还发现了地宫，震惊海内外。这个过程花了很多精力，很艰难，中间也有很多故事。

　　自从发现大报恩寺塔基和地宫的遗址，项目的性质就发生了很大的变化。国家文物局

大报恩寺在明代都城中的位置

图片来源：有方空间

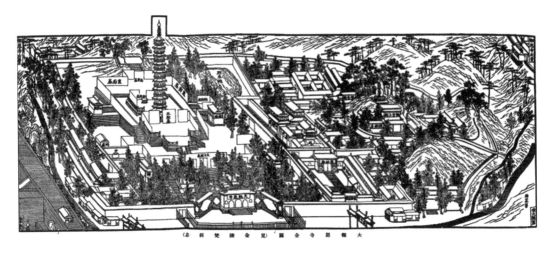

《金陵梵刹志》中的大报恩寺全图

图片来源：有方空间

我与大报恩寺遗址公园的故事

明确了作为遗址公园的定位，以遗址保护为首要原则。南京市2011年举办国际大赛，征集大报恩寺遗址公园的保护规划设计方案。我是在这样的情况下才走进这个项目的。

当时王建国老师是建筑学院的院长，就开始组队去参加国际竞赛，我也才从陈薇老师那儿逐渐知道我们的历史组已经做了那么长时间的研究。当时王建国老师组队，有个多学科配合的组织结构，王老师亲自负责城市设计，陈薇教授负责历史研究和遗产保护，我负责建筑设计，就像三驾马车一样，形成一支庞大的队伍，虽然专业不一样，我们此前还是有合作的基础，我跟王老师、陈老师也一起配合，从广州到南京做过很多跟历史城市或历史地段有关的城市设计，我跟王老师二零零几年的时候一起做过广州老城中轴线的城市设计，大家有合作基础。

国际竞赛当时邀请了6个单位，国内有2家，国外有4家，都是在历史保护方面有经验积累的知名设计机构。最后专家评选下来，东南大学是专家评审的第一名，南京市把这个项目委托给了东南大学，但是对新塔的建筑还是觉得不放心，因为在规划设计的竞赛中，关于原琉璃塔是不是要新建——原来的塔基和地宫要保护，如果新建一个塔，建在原来的塔基上，会不会对遗址保护造成影响？如果不在原址上建，那在哪建，什么样的建筑形式……诸如此类的问题。

为此，南京又组织了一个国际竞赛，专门针对新塔的问

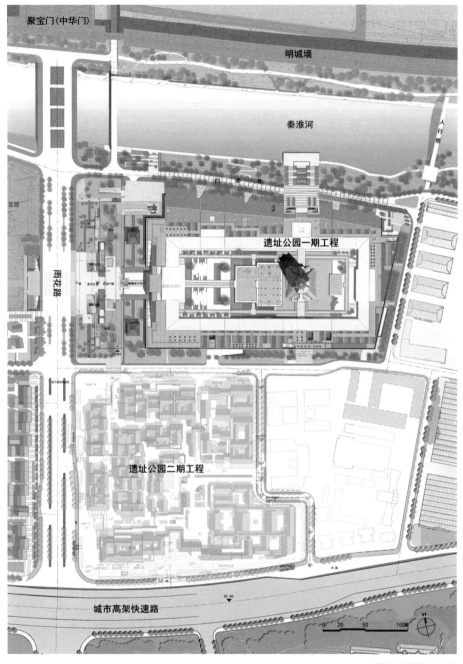

聚宝门(中华门)

明城墙

秦淮河

人行桥

遗址公园一期工程

宝园

雨花路

遗址公园二期工程

城市高架快速路

30.00

0 20 50 100M

大报恩寺遗址公园规
划设计总平面图

图片来源：有方空间

题，还是原来那些投标单位又做了一次设计方案评选，我们前
后两次都获得优胜，所以后来南京就让我们去完成这个项目的
设计。对我来说，虽然有前面跟着陈薇老师做扬州古城南门遗
址博物馆的经历，但是金陵大报恩寺的尺度是完全不同的，遗
址的重要性、等级、与城市的关系都更复杂了。如果是跟着
做，不懂的时候，其实你是不知道害怕的，做扬州古城南门遗

址项目的时候，觉得反正有陈老师，不懂肯定会被陈老师指出来，所以我们不觉得有什么特别害怕的。但是完成了扬州古城南门遗址博物馆设计之后，我又有一种认识，觉得这种事情是非常需要知识支撑的，也是非常容易出错的。出错的时候往往是无心的，是不知道的，不是说蓄意破坏，而是因为专业上认识不到位，所以错了，也很容易犯。做到大报恩寺遗址公园的时候，我已经具备了这个意识，所以觉得步履维艰。

明确要求我们在保护的基础上做创新，那么什么叫切实地保护？保护的内涵怎么理解？遗址本身没有把它糟践掉就已经算是保护了吗？保护出来的东西怎么能够为观者了解遗址的价值？这些问题对我来说都是不断的学习过程。

北画廊遗址

图片来源：有方空间

报恩新塔

图片来源：有方空间

从竞赛到后来我们走过了一个很长的过程，大报恩寺遗址公园现在完成的也只是一部分。做大报恩寺遗址博物馆整个过程从 2011 年算起，到 2016 年才开馆，前前后后 6 年多，事实上开馆的时候工程还没有完全完成，中间又有与民国建筑遗址的叠压，这些都是比较复杂的问题。在施工的过程当中也不断地发现新的遗址，宋代的地层、从宋到明的古井，在不同的平面位置，不同的剖面土层上被发现，大报恩寺遗址开馆真正稳定下来已经是 2017 年的事。我原来也是没有这些意识的，也是随着这些工程有了体会，参与这种工程我觉得是值得骄傲的，在我的职业生涯中特别有意义。

关于这个项目，不同的人还是有不同的认识的。我也知道有的人对后来的报恩新塔的形式有不同的看法，也有人说看上去像"脚手架"，我经常被问到"为什么不采用明代琉璃塔的造型"，对于不同的看法，我本人倒是很坦然，因为它引起讨论，而讨论的很多问题是很难分对错，说明有更多的人关心。无人过问我觉得是最悲催的，建筑师是这样，如果你一个作品出来根本没有人议论，那就说明作品没有在观念上提出新东西。

所以，我觉得有人议论不是坏事，当然更重要的，我觉得应当通过建筑把明代南京城市的结构性特征呈现出来。因为大报恩寺在明代来说是皇家寺庙，跟聚宝门所在的现在的中华门，这条轴线，都有很密切的结构性关联。依着护城河，又延伸到雨花岗上去，这个皇家的第一大寺，而且还承担全国的佛教讲寺的地位。如此重要的城市结构性的要素，它的展现对于后人去理解明代南京，是非常有价值的。

它现在也是一个公共的文化场所，不仅是封闭的存储遗址文物的空间，也安排了很多活动，能够吸引年轻人去体会历史文化、佛教文化、报恩文化，成了一个公共文化活动的场所。有的时候利用内院做一些民俗活动，比如元宵节宫灯的展示，把保护做好的同时，也成为现代人文化活动的重要场所。它已经成为南京的一个文化地标，这方面是比较成功的。

对我来说，其意义还在于它比较完整地帮助我这样的建筑师，加深了对城市的历史文化的认识，你怎么在历史文化的情景当中去工作，打开了一个新认识，我不再认为我们做新建筑跟历史没有关系。我们在历史层面中做事，就变成了跟历史关联的基本问题。我在创作中会下意识地寻找，去理解这个城市的历史。

这种历史它不一定是直接的，比如在现场有古井、古树。即使没有这些本体要素，一个建筑的创造仍然是要回答它在历史维度上的一种价值，当然这种价值有的时候就会同时影响到空间上的建设。另外我还有一个认识，这种工作不是单一学科所能解决的。我们过去说到历史文化，说到遗产，总是会想到就是文物保护，问在不在紫线里面，在不在控制线里面，如果觉得不在，那就觉得关系没那么大，如果在，就会

南京古代都城轴线、明城墙与大报恩
寺遗址博物馆的格局关系

图片来源：有方空间

认为是做古建修复、做遗产保护本体的专家的工作，跟我们的
距离没那么近。后来发现不仅跟我们距离很近，而且只有我们
还不够。像做扬州古城南门遗址的时候，要去理解扬州古城的
历史变迁，你才能知道南门所处的城市结构，更不用说像金陵
大报恩寺这样。

　　当时主门的设计也有争议，有的认为新建一个博物馆，
应该朝南开门，是自然选择，但中华路又是在西边。后来定下
来主入口朝西，是因为我们确立了博物馆的大门跟原来寺庙的
轴线，两根轴线是重叠的，确定了大报恩寺周边的回廊，复廊
里面的内院，把内院的长方形做完整的保护，所以我们没有在
内院里面做东西，博物馆室内空间是围绕着回廊的外部去圈了
一圈，所以它的轴线也就跟原来的大报恩寺空间结构完全吻
合、轴线完全吻合，这个时候门自然就得向西。这种关系的确
立不是从建筑出发的，是去理解一个皇家寺庙跟城市的轴线之
间的关系是怎么建立起来的，在这个层面上就判断了建筑的主
入口在西边，而不可能在南面。把这个道理讲清楚了，不管是
领导还是专家，大家都觉得这是一个正确的选择。如果回溯当
初不同机构提交的那些方案，你会发现其实是有过多种构想
的。这就说明，我们研究问题的时候，单一的学科思路是不行

大报恩寺遗址博物馆南入口

图片来源：有方空间

的，这些问题不是遗址本体能直接告诉你的，也不是一个简单的建筑设计问题，实际上是一个城市形态结构层面的问题，那就要具备城市设计的专业意识和知识。

做工作时，需要不断跟各方去沟通。我们跟规划局的配合非常密切，中间有很多交互性的讨论。当时叶斌局长在主持规划局的工作，非常认真，都是研究性的，每次都研究，研究完了之后，再确认哪些是规划要恪守的东西，哪些应该要根据新的研究结论作出积极的调整，是一个动态的过程。这种多学科、多角色的参与，我们不能说这个工作是重要的，那个工作是不重要的，我不太赞成这样的说法，不同的角色会有自己关心的维度。有很多的工作其实不是去斟酌是非，而是去斟酌不

报恩新塔回廊

图片来源：有方空间

我与大报恩寺遗址公园的故事

报恩新塔彩色塑形玻璃幕墙

图片来源：有方空间

同的需要是不是有可能统筹，或者做到什么程度是恰当的。往往这些工作的处理就需要花很多时间，有时候处理出来的结果可能不是任何一方认为最满意的，但是如果能够为各方所接受，我认为这也是一个成功。

大报恩寺遗址博物馆设计中做玻璃塔的前提，第一是要对原来的塔基和地宫进行严格的保护，不可能再建一个明代的琉璃塔，明代琉璃塔就在这塔基上，下面还有宋代的，原来是砖塔外设琉璃，这从文保角度就不成立。

我为了做大报恩寺遗址博物馆的新塔，我去了杭州再次考察雷峰塔的遗址保护，绕前绕后地看，觉得这个方法并不适合大报恩寺遗址博物馆的新塔。琉璃的材料工艺在明代已经达到高峰，此后未见有超越。当代则应该立足于这个时代的材料和工艺的新成就和高水平。另外，从遗产保护角度来说，文物保护部门的专家也不主张复古，而是明确指出遗址公园必须要把新的建设跟历史遗址的本体明确区别开，以免对历史信息的混淆。

现在的新塔，有文保方面的领导和专家看过之后还认为我们做得比较保守，说终究还是用了一个古塔的轮廓。实际上

报恩新塔塔基

图片来源：有方空间

竞赛的时候，我们的方案比现在这个要激进，还要大胆一点，后来在评审论证的时候，有很多专家主张对传统的形式表达可以再多些，最好能看到中国古塔的大家熟悉的形象，尽量做到雅俗共赏。

后来这个问题的解决主要有几个要点，怎么去解决"既不能复古又希望大家有历史联想"的问题。这不是说怎么去表达我的想法，而是怎么让民众去理解，它是跟历史有关的，但它又不是一个古塔，要做到这个分寸，当时我觉得压力非常大。坦率地说下面还有地宫，是供奉佛祖顶骨舍利的所在，必须要慎之又慎，那段时间我经常失眠，怎么找到一个恰当的解决方案。

最终找到了——我们一组人，隔三岔五地碰头，画了无数的草图，但草图画完就扔，我仔细看潘先生主导的复原塔的轮廓，研究它的特点，理解它的特点，我理解到几个东西：一是中国古塔它是有水平肌理的，一层一层叠上去的，它不像西

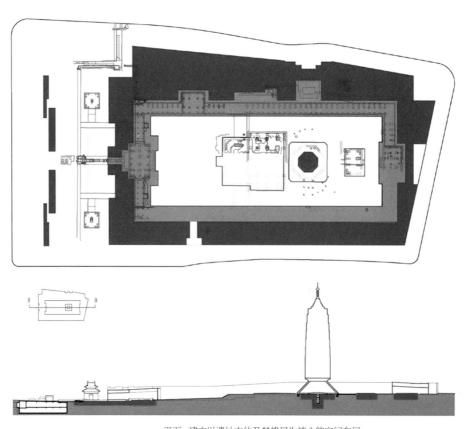

平面：建立以遗址本体及其格局为核心的空间布局

剖面：新建筑避免对遗址及地层的扰动

方的塔，砌个大竖墙，我们是水平的肌理，这是它节奏上很重要的特点，明层暗层交替向上；另外是有色彩，不是单一的，轮廓上有收分，不管是砖塔还是木塔，都有这些特点。我们参照潘先生主导的报恩寺琉璃塔复原方案的节奏和收分的特点，用钢结构重新组织它内部的结构。钢结构也是明层暗层交替，水平构件是外围，垂直构件收到塔心部位，所以在外围看不到柱子，我们看到都是非常透明的轮廓，结构体系和它原来轮廓肌理的特点达到了统一。

新塔另外一个难度就是怎么落在地上，如果我们再做一个大套筒，比例就完全失真。当我做跟过去有关联的东西的时候，如何去处理它的尺度？我发现如果1:1地做会让人觉得小，因为现在城市的参照系长大了，城市也变得更高了。我根据自己的工程经验，发现1.2是一个很有意思的数据，在形体这个层级，如果1放大到1.2，不会让人觉得偏差过大。明代大报恩寺的原塔高记载也不完全一致，但差不多就是八十多米，如果乘以1.2，就是九十多米高，我觉得这是一个需要控制的数据，做到九十多米我认为是比较恰当，控制在百米以下，正好也控制在不进入超高层的范围。

塔不能再用过去砖塔实心砌筑的，必须要用骨骼，用钢结构支撑，因为还没有找到比钢结构更轻的方式。如何让塔落地？原来的塔基不仅仅是塔体部分，地面层还有回廊，新塔的落地都必须要落出轮廓之外。后来我发现，原塔是一个八边形，所有的新塔要落到它之外，我就找到了八边形外切的正方，在这个点上把所有的结构落下来，所以这个方向的尺度是最接近。后来我就是拿了这个方案，上面是一个八边形，通过八边形的点，在空中塔的轮廓跟落地点之间连线，就把这个结构撑住了。

我们第一个关于大报恩寺遗址博物馆新塔的模型，是一个骨骼式的结构模型，而不是形体模型。从上面两个点下来，它是斜杆，不是直杆。斜杆产生的水平推力怎么处理？这就延伸出下面基础结构的预应力处理方案。为了让它更轻，结构后来用了分散的小型阻尼器抵抗整个塔的水平摆动。在孙逊总工程师提出了系统的结构解决方案后，后面基本上就比较踏实地去推进工作了。这些东西就是创新，所以说创新也不是只在形式上玩花样，创新就是新方法解决新问题。

后来又遇到一个问题，怎么在玻璃上再现明代琉璃塔的轮廓，做了大半年的实验，探讨过很多的可能性。后来有一次发现了上海的琉璃艺术大师施森彬先生，他代表了中国目前该领域里的最高水平。我们后来就跟他合作，有4个月不断地做实验，我们在明代琉璃塔复原设计方案的基础上，把它像素化，这样便于他去工作。4个月的实验取得了高温热熔彩色玻璃的成功，后来又解决了玻璃挂在空中保证安全的问题。

大报恩寺遗址博物馆报恩新塔用的材料是彩色高温热熔玻璃，在国际上是首创

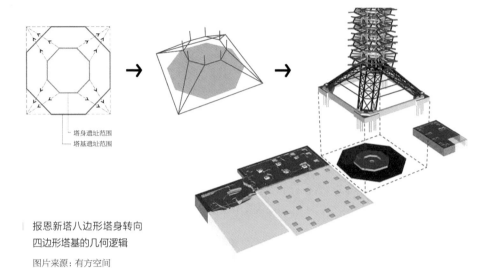

报恩新塔八边形塔身转向
四边形塔基的几何逻辑

图片来源：有方空间

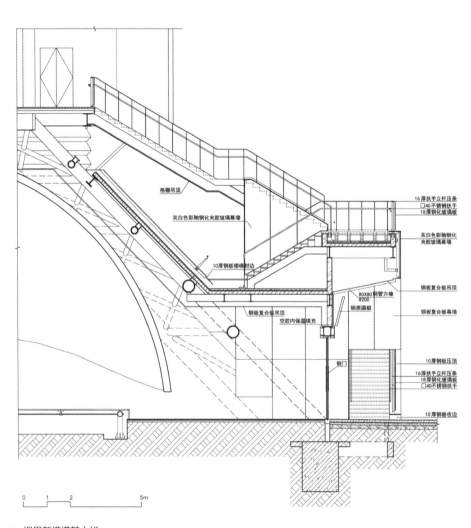

格栅吊顶

灰白色彩釉钢化夹胶玻璃幕墙

10厚钢板楼梯封边

钢板复合板吊顶
空腔内保温填充

钢门

16厚扶手立杆压条
□40不锈钢扶手
18厚钢化玻璃板

灰白色彩釉钢化
夹胶玻璃幕墙

钢板复合板吊顶

80X80钢管方梁
#200
钢质圆额

钢板复合板幕墙

10厚钢板压顶

16厚扶手立杆压条
18厚钢化玻璃板
□40不锈钢扶手

10厚钢板收边

0 1 2   5m

报恩新塔塔基大样

图片来源：有方空间

大报恩寺塔顶云中佛殿

图片来源：有方空间

的，在这样的建筑尺度、丰富色彩的应用是国际上的唯一，施森彬先生自己也非常满意。报恩寺博物馆设计在材料上，还有一个有趣的创新是预制混凝土外墙板与琉璃碎片的复合，那段时间马晓东总建筑师带着助手在这方面做了大量的实验性研究。事实上，每一项技术创新都是很不容易的。这个项目设计前后 6 年，能成功得益于一个能够充分有效合作的团队。

韩冬青 全国工程勘察设计大师，东南大学建筑学院教授，东南大学建筑设计研究院总建筑师

南京老城环境整治——城市更新的较早探索

张嵩年

南京老城环境整治——城市更新的较早探索

张嵩年

21世纪初的南京老城环境整治是与新区开发并行的。当时南京提出"一城三区""保老城建新城"的策略，在改善老城环境的同时，将一些企业、单位、居民疏解到新区去，促进了新区的建设，其作用和意义是值得肯定的。

我是21世纪初南京老城环境整治工作的亲历者，这次整治可以说是我们较早开展的一次大规模的城市更新尝试和实践。

大概是2001年的10月，市政府主要领导到规划局调研，谈到要加强南京的城市建设管理，对我说（我当时分管规划执法），违章建筑严重影响城市面貌，要集中拆除违章建筑，并说准备拿一个亿出来做这项工作。我觉得是个很好的机遇，紧接着我们就开始研究怎么把这项工作做起来。

改革开放以来，南京发展很快，但城市容貌仍不尽如人意，2001年9月南京举办世界华商大会，对新庄等重点地段进行了整治，但那只是局部的，对城市来说，还远远不够。

南京的老城区是历史上逐渐形成的，什么时期的建筑风格都有，不同的时期，规划管理的要求也不一样，再加上当时违章搭建多（当时影响城市容貌的，除了没有产权的违章搭建，还有一些是有产权的，比如破墙开店、棚户区），也使得南京的很多历史文化资源被淹没在里面。总的来说，就是城市的整体面貌不令人满意，尤其是还面临着2005年的中华人民共和国第十届运动会在南京举办的现实压力。另外，市委、市政府在世纪之交提出"保老城建新城""一城三区"等战略。所以，在这样的背景下，南京特别是老城的环境确实要再上一个新台阶，品质要进一步地提升。

老城是南京的核心和精髓，南京的大部分历史文化遗存都在老城里面，老城在南京的整个发展过程中所起的作用是无可替代的。而大量违建及影响景观的房屋，与老城的风貌格格不入。所以我们当时觉得南京拆违应该把重点放在老城里面，特别是历史文化资源比较集中的地区。首先要把影响市容市貌的房子拆掉，空间留出后，先做绿化，再进行全方位整治。对有利于改善城市景观、美化城市的事情，我们当时觉得都应该去做。

经反复斟酌，最后我们提出了"123456"的总体框架和目标，2002年度的目标

南京明城墙

图片来源：星球研究所

新街口核心区

图片来源：秦淮发布

长江路文化街

图片来源：南京吃喝玩乐

甘熙故居

图片来源：南京吃喝玩乐

是"7721"工程。"123456"是指一环、二区、三轴、四线、五街、六片。一环是环明城墙绿带。二区指新街口和鼓楼核心区。三轴就是南京的三条历史轴线。四线是三条南北向主干道，以及北京东、西路。五街则是指长江路文化街、太平南路商业街等五条特色街。六片包括颐和路、甘熙故居、门东门西等六个地区。当时有个明晰的想法，就是整治一定要突出南京的山、水、城、林特色和古都文化，所以"123456"的重点整治目标，主要是围绕南京老城的特色、历史文脉展开的。

在这个大框架下，确定了 2002 年的"7721"工程：全面清理 70 条主干道；重点整治 7 条景观路，其中中山东路 - 汉中路是重点；精心打造北极阁、狮子山 - 汉中门 2 片风貌区，北极阁要显山透绿，建设城西的狮子山、小桃园、鬼脸城公园，与绣球公园、古林公园、国防园、清凉山公园、乌龙潭公园连成片，形成一条"翡翠项链"；集中亮化 100 幢高层建筑（主要集中在七路八片）。

这些目标计划，面广量大，政策性强、资金需求大，难度显而易见，我们当时心中虽然也不太有底，但仍然鼓足信心、勇气，愿意迎难而上，也觉得没有退路。还有个直觉，觉得只要举全市之力，就能较好完成上述目标。

一个月后，市政府听取方案汇报，原则通过。之后组织专家咨询座谈，统一了认识，就是以整治老城环境为突破口，进一步挖掘历史文化资源，整合城市空间环境，优化人居环境，提高城市的综合竞争力。

2002 年初，市政府批准了老城环境整治方案，整治工作全面启动。市里成立领导小组，主要领导任组长，三位副市长为副组长。下设办公室，参与的部门包括规划、建委等城建部门，还有宣传、文物、公安、司法等部门，副秘书长任办公室主任。区里比照成立相应的工作小组。

当时我们觉得开展这么一项大规模的行动，首先要有好的策略。

第一是舆论宣传。我们成立宣传组，记者全程跟踪，参加例会和重要活动。及时报道相关情况，包括在媒体上公布拆除房屋的名单，过程中多次召开新闻单位负责人会议，通过宣传形成声势，形成社会共识。

第二是规划引领。南京市规划设计研究院、建筑设计研究院、园林规划设计院，主要负责面上工作，如 7 条景观路，长江路、平江府路等；澳大利亚考克斯公司承担了新街口的景观改造方案；狮子山 - 汉中门是清华大学做的；东南大学承担

北极阁

图片来源：南京有个号

了西安门遗址公园的规划设计。我们还在科技会堂，对长江路、小桃园、金川河等景观规划设计进行公示。

第三是先机关、后单位、再个人，要求政府、部队起带头表率作用。首批拆除计划公布后，市领导带队走访南京军区联勤部、南京军分区，要求确保完成首批任务。召开部、省属200多有关单位大会，进行动员部署。省里面很支持，省级机关事务管理局有关负责人表态发言，省级机关再召开大会进行了部署。省政府带头拆除了东南角近1000平方米房屋。

第四是强化政策配套和技术指导。我们研究出台了道路两侧相关设施设置导则、70条主干道整治的政策指导意见、街巷整治规划导则、城市夜景灯光管理办法、资金使用管理办法等一系列政策文件作为技术指导。

第五是做好法律保障。成立了司法保障组，负责信访接待、调解，处置突发事件，提供法律咨询服务。行动前召集司法、公证、律师事务所的法律专家对指挥部提出的政策性文件进行研究、审议。市、区老城环境整治办公室（以下简称老城办）均设监督投诉电话。2002年南京的拆违工作，没有发生一起暴力阻挠、群体上访事件。

第六是建立监督约束机制。市纪检监察部门全方位跟踪监督。市、区审计部门负责审计资金流向。

第七是创新思路，完善资金保障机制。走经营城市之路，通过土地运作、项目来融资。对于公有非住宅按每平方米700多元的建安造价补偿。公共绿地、居民楼亮化用电，由老城办支付，提供免费设计。

老城整治首先是拆除违章搭建和影响景观的房屋。当时对70条主干道都逐条详细调查、列表后，需拆除约70万平方米。通过拆违、拆小、拆破，使道路敞开空间，建筑界面更加有序。

在这个基础上对街头、小区、沿河、城墙两侧进行绿化，建设市民广场、公园；对道路两侧房屋出新，整治店招，整饬建筑立面；通过杆线下地、改造、设置路灯、站点、路牌、指示牌等实现道路出新。整治内容还包括清理占道经营、亭子，规范自行车停车等，形成街道的立体整治。同时还进行了河道清淤，护砌绿化，清理排污口，部分河道进行截污。后来，房屋出新工作又向街巷、小区延伸，通过拆违、建绿、粉刷，平改坡等实现小区出新。此外，提升城市亮化水平也是整治的重要内容。

老城整治还包括搬迁工矿企业、棚户区，疏解老城，优化城市功能。在拆出来的空地上配套建设小型设施，如物业管理用房，小区自行车棚等。我记得当时下关电厂拿出来大约1000多平方米，建了一个公交停车场。

我们还提出"显山露水见城"理念，很多重大行动围绕这个目标展开。在几十条道路设置路标、指示牌，让街巷里的历史遗存看得见、摸得着。

国立美术陈列馆旧址

图片来源：南京市文化遗产保护研究所

　　有几个印象深刻的案例。比如北极阁，北极阁西面的山脚下面，有单位、棚户区、几栋多层住宅，环境脏乱差，我们下了很大的决心把它拆掉。整个面积大概有五六万平方米，五六栋多层住宅大概有一万多平方米，是请部队来爆破的，在南京很少见，两千多名官兵帮助清运垃圾。这样敞开了山体，打通了鼓楼 - 北极阁的视觉走廊。长江路也很典型，沿线有很多建筑是民国时期的，也有清末的，譬如曹雪芹故居。整治长江路文化街当时做了很多工作。在保留一块板和行道树的同时调整道路路幅，扩到 40 米，改善了交通。全线整治、美化，增设街道家具。国立美术陈列馆是省级文物保护单位，传达室、门垛需后移 5 米，多次上门做工作，最后报文物部门批准后实施。拆除九中门面房，建了 500 米文化墙。省里老领导提出建 520 广场，规划提出了 3 个选址方案，邀请孙颖、罗炳权等老领导，及苏则民、吴明伟等专家现场论证，确定选址在上乘庵，然后进行了方案征集，由吴为山老师设计制作。长江路通过整治以后，不光文化氛围更加浓郁了，也更加整洁、美丽了，交通也更为顺畅。还有中山东路南侧的东华门、西华门、西安门遗址，原来被围在轻工机械厂、55 所、

南京外秦淮河治理项目获"联合国人居奖特别荣誉奖"（2008年），这是特别荣誉奖有史以来首次颁给一个城市

图片来源：新华日报

金城厂里面，东华门、西安门城堡基本完好，西华门只剩须弥座了，整治中我们反复做工作，最终将这三个遗址及周边一定范围从单位里划出，建成遗址公园，对社会开放。

小桃园是一个非常艰巨的工程，它东临明城墙、西临护城河，东西窄，南北约1.5公里，有不少企业和居民，比如造漆厂占地就有几万平方米，最后通过非常艰苦的工作，把所有的企业和居民全部搬走了，建成20万平方米的公园，同时维修城墙，建亲水平台。我们还对外秦淮河和金川河两条城市河道进行了整治。整治外秦淮河时，省、市成立了领导小组，两河拆除单位、民房近16万平方米，通过拆违、清淤、护砌、绿化，水质、环境明显改善，市四套班子还组织了植树活动。

三年整治，2002年开头最关键，"7721"工程全面铺开，声势大，难度也最大。2003年提出"2231"目标，期间还经历了非典、高温、暴雨。2003年底市政府研究决定老城环境整治办公室不再集中办公，2004年纳入建委日常工作。三年整治取得有目共睹的成效，其中，各区政府及街道居委会冲在第一线，功不可没，当然更离不开相关单位、居民的支持配合。

谈几点体会。第一，我觉得当时三年整治行动的过程是一个不断认识、不断发力的过程，开始其实并没有那么宏大的目标，当时觉得拆违是最主要的，把直观改变南京的城市面貌作为主要目标，但是后来从制定计划到具体实施的时候，我们实际上是在不断调整，不断加大压力，不断提高执行目标。比如说把整治范围从主干道往街巷、小区延伸，把恢复城市特色、提升功能，变成重要的老城整治目标。开始我们曾打算三年行动，第一年第二年是拆，第三年是建，后来觉得其实不需要这样分，拆的过程是可以同步建设的，所以后来是边拆边建。北极阁西面北极西村这一块原来不是绿线，把它拆掉以后就纳入了绿线范围。

第二，环境整治不同于一般意义上的城市开发建设。成规模的开发建设是单个进行的，而老城环境整治是集中统一的整合，举全市之力，花小钱办大事，可以在短时期内使得城市的面貌获得一个较大的改观。可以说这是南京城建史上第一次有计划、有系统地彻底进行的一次更新改造。

再一个，实际上老城整治和新区开发是并行的，并不互相矛盾。南京当时提出了"一城三区""保老城建新城"，那么企业也好，单位居民也好，从老城疏解到新区去了，所以它是促进了新区的建设，对新区开发的作用和意义是显而易见的。

此外，从规划的角度来说，我觉得通过老城整治，大家对规划的认识更加提高了。由于行动中规划和实施紧密结合，规划的作用和引领性得到更好体现。老城整治行动中的城市公共空间塑造，历史建筑挂牌，增设城市指引系统，增设街道家具，规范广告店招，整治老旧小区，大规模杆线下地等整治理念、思路、方法，拓宽了规划建设管理者的视野，促进城市更新机制的建立，精细化建设管理进一步提升。

现在看当年的老城环境整治行动，更加体会到，面对名城保护面临的新形势，有理论、概念还不够，还要有实现的策略、路径，保护的理念、方法也要适应形势的发展、社会的认知。政府的作用至关重要，要努力寻求与政府的目标、战略的契合，在保护中更加注重改善民生、降低成本、提高影响力等。老城整治这种运动式的行动，不可能常态化，还涉及法治问题，但它的强推力、带动性在城市发展进程中所发挥的作用、效应，也是显而易见的。

南京名城保护

四十年

叶 斌

南京名城保护四十年

叶 斌

通过以"文化为魂"的城市更新，把保护、利用、传承好历史文化遗产作为我们的工作基础，纳入城市整体的发展战略中，与城市同步发展与振兴。

南京历史文化名城特色与价值

南京是江苏省的省会，是长三角城市群中的特大城市，也是我国东部地区重要的中心城市，辖区面积6587平方千米，常住人口规模是942万人。南京素有六朝古都、十朝都会的美誉，有近2500年的建城史，累计达450余年的建都史。南京大学朱偰教授在《金陵古迹图考》序言中评价：在西安、北京、洛阳、南京这四都之中，文学之昌盛，人物之俊彦，山川之灵秀，气象之宏伟，以及与民族患难相共，休戚相关之密切，尤以金陵为最。

在环境风貌、城市格局、文物古迹、建筑风格和历史文化方面，南京极具名城特点。南京名城的价值表现在：南京是中国都城格局难得的遗存、我国重要的思想文化和当代科教文化基地之一、国内外重要历史事件的发生地、世界都城建设史上巧夺天工的杰作。

从中华门自南向北看南京明城墙以内的古城现状

图片来源：视觉中国

南京明城墙

图片来源：视觉中国

南京名城保护四十年的成效与探索

改革开放后的三十年

第一，在规划编制方面，坚持规划引领，不断完善名城规划体系。从第一版名城保护规划开始，全面考虑点、线、面的系统保护。尤其在"面"的保护方面，古都的格局与风貌整体深化延续，在四版名城保护规划指导下，同步完成了历史文化街区、历史风貌区等保护规划深化工作。

第二，在资源调查方面，坚持"能保则保，应保尽保"。我们突破"文物"概念，以历史文化遗产为对象，全面开展了南京市历史文化遗产普查建库工作。这项工作是由我们局会同机构改革前的市区文化广电新闻出版局、文物局共同开展。我们建立了历史文化资源信息系统，建立了包括空间位置等信息在内的多要素数据库，普查对象全部登录到数据库中，并纳入规划管理信息系统。该信息系统能够把历史文化资源点各类属性信息自动生成历史文化资源点综合信息表，并具备动态更新功能，有力指导和帮助了规划编制和实施管理过程中对历史文化资源的现状调查、分析与保护措施落实。

第三，在城市发展战略方面，坚持名城保护与城市发展战略结合。从 2001 年左右开始，我们推动了"保老城、建新城"发展战略落实措施，把老城的功能向外围的新城、新区疏解。老城外围的河西新城区、江北新市区、仙林新市区、东山

新市区，在 2001 年之后得到长足的发展，对老城的容量控制和功能疏解起到极大的战略支撑作用。初步确立了开发建设全市综合平衡的观念，老城内降低了规划开发强度，初步遏制了单一地块再开发过程中为了就地平衡、当期平衡而无原则提高规划用地强度的行为。

第四，在行动策略方面，坚持思路创新，探索形成富有南京特色的"找、保、亮、用、串"行动策略。通过资源普查，把历史文化遗产资源找出来，通过各种办法保下来，做到应保尽保。然后通过显山露水把各类历史文化资源显露出来，又通过设立各类标识、标志牌把历史文化资源点的信息展示出来，使我们历史文化资源的城市名片能够亮出来。在保护的前提下，合理地利用，并尝试通过城市设计手法，把散布的历史文化资源串联起来。

前30年的工作有成绩，但由于认识不到位，在城乡经济高速增长过程中存在名城保护工作的失误和遗憾，走了很多的弯路。例如，老城总体容量和风貌的控制问题，在老城内的城市中心新街口，20世纪80年代中期金陵饭店100米的高层建筑建设时，老城总体肌理还维持了古城的特色，但由于文物保护、文化保护的重心在老城，而当时的经济发展重点地区也在老城，两者之间的冲突在所难免，名城保护要求局部失守，到2010年，老城新街口等许多地区呈现高楼林立的"现代化"局面。另外，对老城的危旧房更新改造的方式方法上也存在不当，老城的颜料坊历史风貌区在2006年仍保持着传统的街巷肌理，但是当时以推土机方式推动这些历史地段更新。这些弯路和遗憾，是南京历史文化名城保护工作的前车之鉴。

党的十八大以来的十年

党的十八大以来，习近平总书记就坚定文化自信、加强城乡历史文化保护传承作了系列论述和指示。我们坚决贯彻习近平总书记关于历史文化保护传承要求，从"大拆大建"走向了"绣花功夫"，从"拆改留"走向了"留改拆"，对历史文化保护和传承的理念进一步深化，历史文化保护的认识进一步提高。10年来，我们深化了名城保护工作，取得了新的成绩。

第一，严控老城高度，彰显古都风貌。保持了老城"近墙低、远墙高；中心高、周边低；南部低、北部高"的总体空间形态，并落实到控制性详细规划中。2016年，我们委托了东南大学王建国院士对近50平方公里老城的5569个规划地块编制了具体的高度控制要求，批复后，得到了严格落实。2016年以来，老城内的新建建筑没有一个项目突破老城建筑高度规划控制要求。

第二，优化新城反哺老城机制，探索保护资金新政策。我们从南部新城和河西新城这两个新城区的开发建设盈余中，统筹部分资金（10年来统筹了约150亿元）用于老城的保护与更新工作。

第三，完善历史文化遗产保护长效工作机制。我们成立了南京市的历史文化名城保护委员会和专家委员会，建立了一系列的工作制度和工作规则。规则明确，凡是涉及历史文化保护的事项和项目方案，均须经专家委员会论证后，报请市历史文化名

颐和路历史文化街区

图片来源：我苏网

城保护委员会审议。对于地下文物的保护工作，会同文物局出台了《南京市地下文物保护条例》，建立了"先考古、后用地"的考古前置程序。按照条例规定，有关规划建设用地都必须先行考古勘探或发掘，然后才能划拨或出让建设。对历史建筑，我们建立了历史建筑保护告知书制度：由于很多历史建筑的产权人、承租人对历史建筑保护、使用的有关规则并不了解，所以我们建立了告知书的制度，对历史建筑的产权人、使用人的保护与使用的责任、义务和权利予以告知。近5年来，我们还落实国土空间规划改革要求，把历史文化遗产保护的要求全面纳入国土空间规划管理过程中。例如南京老城外的燕子矶老街一般历史地段，也编制保护规划和图则，并落到每个地块的相关保护导则中，一并进行用途管制。

第四，在法律法规上，构建以《南京市文物保护条例》和《南京市历史文化名城保护条例》为主干、相关专项法律法规配套形成的保护法规体系。陆续颁布实施了玄武湖等风景名胜区的专项法规，2023年1月1日实施的《南京市国土空间规划条例》也进一步为名城保护提供了法律保障。

第五，加快突破以居住功能为主导的历史地段保护更新难题。居住类用地量大面广，同时又是名城的基底，我们需要对这一块的矛盾率先突破。从大拆大建到小规模渐进式的有机更新、从保护文化到整体街区功能的转换和导入、从保护单体到街区格局和街巷肌理，进行了全面的制度创新。例如南京老城南的小西湖历史风貌区，我们以产权调查为基础，自下而上、渐进式更新，通过小规模渐进式，尤其通过制度上创新来实现整体风貌的保护以及功能的更新。最近，该项目获得了2022年亚太地区文化遗产保护奖——创新设计项目大奖。如南京颐和路历史文化街区，我们坚持审慎推进，与古为新，同济大学常青院士作为设计担纲，落实居住类历史街区规划保护目标，保护该历史文化街以居住为主体功能，有限度地开放相应的院落空间，开放的非居住功能空间仅占所有院落的30%左右，确保作为居住类型历史文化街区保护与更新的真实性。同时，加强空间的串联，打造文化线路。

新时期南京名城保护新思考

随着文化自信的进一步确立，全社会对加强历史文化名城保护、传承和合理使用已经有了共识，损害保护对象的现象已基本得到遏制。在新时代，我们应该落实高质量发展要求，进一步提高历史文化名城保护的质效，通过以"文化为魂"的城市更新，把保护、利用、传承好历史文化遗产作为我们的工作基础，纳入城市整体的发展战略中，与城市同步发展与振兴。系统推进古都保护、城市空间结构有机结合，彰显名城特色古都风貌、激发城市活力，加快营建更有特色、更有活力、更有温度的国家历史文化名城。在历史文化资源加强保护的基础上，以名城为对象，综合考虑历史文化、民生保障和经济社会发展，全面实现名城振兴。

第一，立足名城整体保护，统筹古都保护与发展，彰显古都特色。系统保护与展示山水环境、历代都城格局、老城及历史城区，推动各类历史遗产及其依存的历史环境、人文景观与城市功能相融合，积极构建"古都为核、江河融汇、城丘绿间、多心辉映"的城市风貌。古都特色将是城市竞争力中最重要的要素。

第二，坚持以人民为中心，有序推进城市有机更新，彰显古都温度。更多采用"绣花""织补"等微更新方式，优化公共服务，完善基础设施，提升人居环境，更好满足群众需求。

第三，加强历史文化资源与现代功能的有机融合，彰显古都活力。更加注重动力培育、活力激发，进一步推动老城创新发展，促进历史文化遗产的资源优势转化为经济发展的资产优势，形成体现南京古都特色价值的旅游目的地、国际消费中心城市的主要承载地。

新时期南京名城保护新举措

面对新时期高质量发展要求，结合上述思考，有一些开展下阶段工作新举措：

第一，进一步拓展历史文化保护内涵。在已经公布的法定保护对象得到有效保护的基础上，需要对城市整体格局与风貌、一般历史地段、一般的古镇古村等历史文化资源进一步加强保护，实现空间全覆盖，要素全囊括。要拓展保护内涵，除保护历史文化资源本体以外，要进一步保护和彰显资源周边的历史环境，彰显历史文化价值。如通过构建老城历史文化景观空间网络体系，实现名城风貌的整体彰显，具体的空间营建手法可以借鉴城市生态学原理，通过组织文化线路，整体彰显南京古都风貌和特色。

第二，完善老城高度与功能管理控制要求。一是要建立老城功能管理正负面清单。正负面清单目前对交通压力比较大的大中型优质医疗机构，以及相应的产业用地，进行有效控制。要进一步明确老城范围内学校、医院、科研院所规划建设管控要求。二是严格老城建筑高度规划管理。三是除建筑高度控制以外，我们对古城的用地强度、风貌、开敞空间等进一步细化，落实历史文化名城保护规划相关要求。

第三，营建高品质国家历史文化名城。历史文化遗产应该有尊严，它的周边环境也应该有尊严。"营"和"建"两个部分，在拓展历史文化保护传承内涵的基础上，塑造更有特色、更有活力、更有温度的古都。

一是营建更有特色的国家历史文化名城。

保格局，彰显古都山水城林特色。在编制新一版国土空间总体规划时，编制单位中国城市规划设计研究院城市规划与历史名城规划研究所提出：在南京紫金山和明城墙围合的范围内应形成"古都文化核"。这一地区最能彰显南京"山水城林"融于一体的古都特色，要有进一步的措施保护与彰显这个格局。

提品质，塑造古都特色空间风貌。有序疏解老城非核心功能，串联相关历史文化遗产，提高古城保护与更新的建造质量和水平。

促更新，稳妥推进老城保护复兴。建立以详细规划为实施依据的城市更新空间管理制度，以制度保障实现名城保护和合理利用。

忆乡愁，传承保护乡土文化遗产。要把文化遗产保护与合理利用与乡村振兴工作有机地结合，助力建设美丽乡村、农民的幸福家园。

二是营建更有活力的国家历史文化名城。

优业态，强化文旅等产业融合。要把老城历史文化地段，有条件地打造成现代和历史风貌交相辉映的、时尚有活力的国

世界文学客厅

图片来源：南京发布

际消费中心城市的核心区，实现全域旅游发展新格局，实现国家文化和旅游消费示范城市的建设目标。

挖内涵，展示古都文化魅力。结合南京市特有的文化资源，深度挖掘利用。2019 年南京荣获联合国"文学之都"称号后，我们在市政府附近的机关既有院子里建设了"世界文学客厅"，并在全城构建文学小径、展示文都客厅；南京大校场机场在搬迁以后保留了机场跑道，我们将 2650 米长、90 米宽的机场跑道空间列为历史建筑，与机场瞭望塔、候机楼等附属建筑一并保留，深入挖掘文化信息，活化利用，建设跑道公园，成为南京最大的文化公园。

塑场所，创造城市活力空间。我们已经连续做了 7 年的"以人民为中心"的城市设计竞赛，包括创业创新空间活力，对适宜各年龄段活动的场所进行规划选址和场所塑造。

三是营建更有温度的国家历史文化名城。

暖民心，提升城乡居民人居环境。名城不能仅讲历史文化遗产部分，一定要将民生相关联的各项工作同步推进，营建更有温度的名城。人居环境里相应的基础设施非常重要，对历史文化遗产本身来说，防火消防等更加重要。

惠民生，统筹公共服务设施供给。除了对历史文化遗产本身提供部分的公共服务供给外，我们对老城内的有关闲置用房等，进一步加大利用的力度，把基层的医疗设施、社区中心等，包括对"一老（养老）一小（托幼）"设施规划安排，作为名城复兴非常重要的内容之一。

便民行，完善交通基础设施配套。主要是对支路网络的保护与建设。历史街巷的保护与合理的利用，要通过综合交通规划设计方法，对老城内交通实现进一步疏解。建立差别化的停车收费系统，减轻老城动静态交通压力。

南京将以获批国家历史文化名城40周年为新的起点，坚持统筹谋划、系统推进；坚持保护第一、应保尽保；坚持以人为本、传承发展，改善民生、塑造特色及提升活力等角度综合施策，高质量推进城乡规划建设，全面实现名城振兴，营建更有特色、更有活力、更有温度的国家级历史文化名城，为全面建设人民满意的社会主义现代化典范城市厚植文化底蕴，不断提升南京历史文化名城的世界影响力。

叶　斌　南京市人大常委会副秘书长、南京市规划和自然资源局原局长、研究员级高级规划师

我所经历的四版南京历史文化名城保护规划及实施

孙敬宣

我所经历的四版南京历史文化名城保护规划及实施

孙敬宣

从国家公布第一批历史文化名城开始，我就进入了历史文化名城保护这个行当。在经历了 40 多年来历史文化名城保护的规划和实践看，南京历史文化名城的保护始终是与时俱进的。

1978 年 10 月南京市规划局成立，11 月我到南京市规划局报到，分配我参加南京首版城市总体规划的编制，1980 年上报国务院批复期间，1982 年国家公布首批 24 个历史文化名城，南京位列其中，1984 年批复的城市总体规划的城市性质，明确增加了第一条"著名古都"。作为依据，在深化总体规划时，必须将文物保护单位作为保护历史文化的做法，拓展到整个城市历史文化的保护理念，从那时开始，我就进入了城市历史文化保护的行当，一干就是 40 多年。经历了 40 多年的历史文化保护工作，体会到南京的保护理念是与时俱进的，在实施过程中，虽取得很大成绩，但也受到客观形势和规划者、领导者、实施者主观上的诸多制约。

第一版历史文化名城保护规划（1984 版）

在尚未进行名城保护规划前，总体规划的深化已开始进行，首先是"四线"的划定，即道路红线、绿地绿线、河道蓝线等，这三者的用色是全国通用的，但文物古迹用什么颜色表示，当时无统一标准，经过我们研究讨论，采用紫色，所以紫线的划定，也算南京对历史文化保护工作的贡献之一，但真正作为国家规范出台，已是很多年后的事了。

1984 年的历史文化名城保护规划，我国正处于从计划经济转向社会主义市场经济的过程。在规划局领导下，组织了与城市规划相关的文物局（当时叫文物事业管理委员会，以下简称文管会）、园林局、房产局参与编制工作。

1980 年上报国务院审批的总体规划中，所保护的历史文化仅限文物保护单位，而批复的城市总体规划城市性质首先就是"著名古都"，这与原城市性质中"江苏省会、有关工业基地"等不尽相同，必须补充深化著名古都的内容，决定着手编制《南京历史文化名城保护规划》，规划内容从单纯保护文物保护单位，扩充到整个城市的

南京颐和路历史
文化街区

图片来源：我苏网

保护体系，所谓体系，就是把城市有关的历史沿革、人文地理、生态环境及众多实体建筑、古园林、历代水系桥梁等，都组合进去。从这个角度讲，1984 版的历史文化名城保护规划是总体规划的深化。

1984 年 10 月首版历史文化保护规划刚刚完成，这在全国是做得比较早的，恰逢中国古都学会于 1984 年 11 月在南京召开第二次学术研讨会由南京文管会承办，并让我在年会上作了专题汇报，得以有机会在全国展示、交流、推广，起到了先行作用。

1984 版保护规划的保护理念比过去有所突破。所谓突破，是从单一保护文保单位转变为一个城市历史完整的体系。体系

前言

史念海

一九八四年十一月，中国古都学会第二次学术讨论会在南京举行，会议期间共收到论文七十五篇，编入本书的有十六篇。

一个都城的形成、发展、变化和废省，关系到许多方面。总的来说，有自然方面的因素，也有社会方面的因素。每个方面都还可以详细罗列，分成若干较小的项目。在建都时期，它几乎成为全国社会的缩影。就在都城废省之后，也还有相当的影响。它的遗址遗物，尤为研究者所珍视。当前，社会主义建设正在全面开展，有些古都在今天仍居有一定的重要地位，如何在旧的规模上从事新的建设，更为举国上下所重视。这些广泛的内容和各方的期望，在这次会议讨论中自然得到了相应的反应。所提出的论文大体就是古都的各个方面作出论述。各篇论文各自具有特点，总的说来，却都是想为当前的四化建设作出一些贡献，也为古都学的研究奠定初步的基础。

对于古都的研究，近年来在我国已经引起各方面同志的注意和重视，也陆续发表了若干重要的论著，取得了一定的成就。不过对于古都学的建树，却还有待于继续努力。正如

· 1 ·

《中国古都研究》

图片来源：作者提供

含意较广，为此首先必须梳理南京历史。在编写首版保护规划开头的"都城史略"就很重要，参考了很多资料，其中主要是南京大学蒋赞初老师的《南京史话》一书中关于南京成为都城的来龙去脉，因南京的都城史与西安、洛阳、北京这三大古都不同，西安很古，历史也长些，洛阳也是，北京元、明、清三代较集中，并向近代过渡。而南京不同，从公元229年三国时孙权定都南京，至中华民国1949年结束，跨越历史时间长达1720年，但真正都城时间却并不长，从六朝开始至南唐至明初，加上太平天国及中华民国5段十朝一共400年左右，这样的历史保护更具挑战性。为此，首版的"都城史略"这节，基本被后来历版保护规划所沿用。

当时（20世纪80年代），在推进历史文化保护规划的实施过程中，大多能得到大众的认可，如明城墙风光带、钟山风景区、石城风景区、雨花台风景区、秦淮风光带、六朝风光带及明故宫遗址风光带等。

但也存在不同观念的争议，如中华民国总统府，我们认为既然是有名的又有价值的历史建筑，应该保，但有争议，不得已改用"天王府"名义列入保护名录。当然争议不

《南京史话》

　　图片来源：品读南京

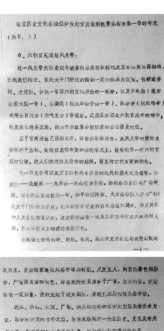

图片来源：作者提供

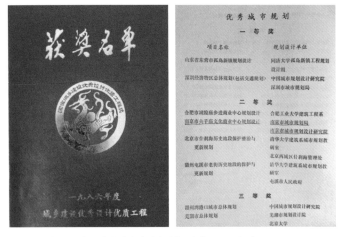

南京市夫子庙商业文化商业中心规划设计获 1986 年建设
部优秀城市规划二等奖

图片来源：作者提供

　　只是名称，还有当时省政府、省政协、各民主党派均在此
办公，存在搬迁问题，但城市规划有 30 年的远景和 5 年近
期实施之分，何时条件成熟，有实施可能时，按近代博物
馆目标执行即可，才列入了保护规划。可见，保护理念不
止社会影响，甚至有些领导或执行者也会受局限和传统观
念的影响。对于秦淮风光带的保护，几乎全社会均有共识。

首版保护规划的秦淮风光带由东水关至西水关两侧河厅厅房，并有一定进深，虽然市长、区长都很重视，但经济条件有限，决定先实施夫子庙地区，由规划局、规划设计研究院进行"夫子庙商业文化街区"的详细规划，于1986年获建设部优秀城市规划二等奖。

南京石头城风景区
图片来源：领读江苏

在实施过程中，市领导还指定专家负责把关。所以名城保护规划及其实施，的确是跟当时经济条件及领导、专业人员、执行者的保护理念有很大关系。

第二版历史文化名城保护规划（1992版）

第二版名城保护规划是20世纪90年代市总体规划修订时一起修订的，完成于1992年，其背景是改革开放的大开发时期。当时城市提出要三年大变样，三年要大变了，城市还有什么历史感？经济大发展城市大变样，尤其是房地产大开发，看见破旧房就想拆，但破旧中包藏了不少历史文化内容。尽管如此，保护规划工作人员的保护理念还是在提高的，过去没认识到的，近十年中逐渐认为应该纳入保护范畴。

修订的保护规划拓展的保护内容有：

1）保护规划的地域由主城扩展至南京全市域，包括主城、二区、三县。内容增加了栖霞山、牛首祖唐山、汤山温泉、阳山碑材、老山、金牛湖、无想寺及固城湖等风景区。也认识到南京明城墙有别于其他古都的三重城郭惯例，还存有90公里的外廓，形成四重城郭的特点，必须保护。

2）主城古都格局保护中增加了三条城市轴线。一是南唐宫城皇城的御道街即今中华路，北起内桥南至中华门瓮城，全长1.1公里，既是城南的中轴线也是传统的商业区。建设管理要求道路两侧的建筑形式风格与城南历史风貌相协调，从长乐路至中华门，沿街建筑在1米范围内，高度控制在12米以下。二是明故宫轴线，即从今中山东路北的明故宫公园、午朝门公园一直到光华门的御道街，此街是明代宫城的御道，沿线为明代的官衙、商铺。此街也是当代城东地区的轴线，城市主要出入口之一。从建设管理讲，两侧各划40米绿化带，从午朝门上看光华门，可以强化轴线效果，烘托明故宫气势，但多年实施效果并不理想，南京航空航天大学的扩建及其他建设，绿化带一再被蚕食，在进行第三版规划时只能承认现实予以调整。三是民国时期的中山路向北延伸中央路的子午线，也是主城市中心主要干道，规划要求充分体现国际化都市的繁华面貌。此轴线当时是有争议的，经过实践，至第三版规划时有所调整。

3）此外，还增加了古河道、古桥梁等。还有千年古都，地下文物众多，必须划出保护区，以备发掘，具体位置及范围，由文物局负责补充。根据南京特点，还要保护中华民国

箍桶巷街

图片来源：秦淮发布

鸣羊街

图片来源：南京发布

所形成的中山路系列三块板 6 排法国梧桐的特点，及沿路形成的众多广场，应予保护，但因交通发展需要，有关部门提出砍去 4 排树改为一块板的意见，经众多专家学者的反对，一直反映到国家层面，由建设部协调后，保持了三块板形式，砍去 2 排树解决。

第二版保护规划在保护理念提高基础上，充实了不少内容，但迫于建设开发的需要，也不得已削减了一些内容。如北京西路民国时期的公馆区，第一版是北京西路南北两片，保留民国时期完整的路网格局，而第二版由于开发改造等需要，不得已削减路南一片，仅保留沿路民国时期建筑，与路北呼应。又如老门东地区原箍桶巷的改造，箍桶巷顾名思义是当年箍桶匠人工作和居住场所，但因巷东要改造成多层住宅小区而不得已扩至 30 米宽，老门东牌坊原按 30 米建的，后来保护南京老城南理念加强后，为恢复老门东传统风貌，牌坊南又在主跨宽度外修建仿古建筑，尽管设计精心，施工规范，但并非老门东原有风貌。还有门西鸣羊街，在拓宽道路时要求 24 米，但两侧保护建筑仅 1～2 层，保护要求压缩，但未果，直到愚园建成开放后，为配套商业服务，在顺着道路的东侧划出一定宽度予以建设，也客观上解决了路宽与沿街建筑高度的关系。

第三版历史文化名城保护规划（2002 版）

第三版历史文化名城保护规划因国家已公布编制规范，成果要求有文本、说明、图纸、附件等，深度要求包括有关保护区的详细规划控制图，也提出了城市空间轮廓保护、高度控制要求，还增加了近代优秀建筑及古树名木等。

关于第二版中城市三条轴线有争议，第三版规划予以调整为"中山路"系列，即孙中山灵柩归葬中山陵的路径：起自中山码头——中山北路——中山路——中山东路至中山门。这说明保护理念的不同而导致保护内容的调整。

第三版保护规划的时代背景是：从国家 1982 年公布第一批 24 个，第二批 38 个，第三批 37 个，达 99 个"国家级历史文化名城"。而当时全国统计有城市五六百个，已近五分之一。故 1993 年建设部在襄阳主持召开了第二次全国性历史文化名城保护工作会议，部长的报告，改变保护理念的有两条：①国家不再成批公布历史文化名城，改为成熟一个批一个，截至 2023 年 3 月，国务院先后一共公布 142 座名城。②提出"历史地段"的保护理念，因城市都是有历史的，不论历史长短，只要城市有一块区域，历史文化很丰富，就可以留为历史地段，只要符合历史文化保护要求同样可以逐级申请，直至申报"国家级历史文化保护区"称号。南京是首批国家级名城，在保护规划中也列了不少片区保护，至此，将片区整合提升，到目前

```
                    ┌─────────────────────────┐
                    │  南京历史文化名城保护规划框架  │
                    └─────────────────────────┘
                    ┌───────────┴────────────┐
              ┌──────────┐            ┌──────────┐
              │ 物质要素的保护 │            │非物质要素的保护│
              └──────────┘            └──────────┘
         ┌────────┼────────┐              │
    ┌────────┐ ┌────────┐ ┌────────┐   ┌────────┐
    │城市整体 │ │历史文化 │ │文物古迹 │   │历史文化遗存│
    │格局和风貌│ │ 保护区 │ │        │   │ 展示体系 │
    └────────┘ └────────┘ └────────┘   └────────┘
    ┌────────┐ ┌────────┐ ┌────────┐   ┌────────┐
    │历代轴线 │ │历史街区 │ │文物保护单位│   │博物馆系列 │
    │明代城垣 │ │古遗址区 │ │近代优秀建筑│   │标志物系列 │
    │道路街巷 │ │古建筑群 │ │古树名木  │   │非物质文化系列│
    │河湖水系 │ │传统风貌区│ │地下文物  │   └────────┘
    │环境风貌 │ └────────┘ └────────┘
    └────────┘
```

南京历史文化名城保护框架图

图片来源：作者提供

为止已有 2 个国家级、9 个省级历史文化保护区，另有历史风貌区 28 片，一般历史地段 3 片。

在第三版保护规划前，南京已接受了保护非物质文化的理念，因此在保护规划所列保护框架中，分为物质要素和非物质要素两大部分。（见保护框架图）

第四版历史文化名城保护规划（2010 版）

第四版名城保护规划是市规划设计研究院童本勤院长主持完成的，在完成了 2010 版的南京历史文化名城保护规划后，还接着深化，确定一批历史地段、历史建筑和历史街巷等，老城区内还划了四片历史城区，随着一个个专题的积累，再修订名城保护规划时，会逐一组合进去的。

该版保护规划完成前不久，建设部酝酿多年的文物紫线保护规划终于公布了，童院长立即转入该规划，并于 2006 年完成了南京文物紫线规划。

在实施保护规划过程中，由于保护理念的深化，既要保存老城原有肌理，又不能迁走原住民，还要改善原住民的居住水平，南京摸索了小西湖保护模式。实施小西湖保护改造工程，是市政府专门成立的南京历史城区保护建设集团公司，该公司副总经理黄洁，我称她为城市历史文化保护的"绣

南京市文物紫线规划

图片来源：作者提供

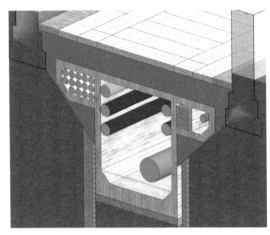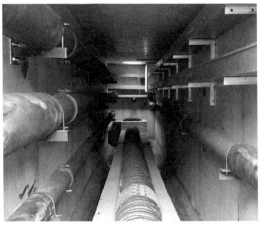

南京小西湖微型管廊

图片来源：南京规划资源

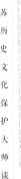
娘"，工作只能一点点进行，实施时间很长，不能急于求成。小西湖面积不大，前后进行约十年才初见成效。最开始是规划国土局组织东南大学、南京大学、南京建筑工程学院等多所高校学生进行摸底调查，对每一户的住房条件（多数并无专用厨房厕所）、建筑情况、巷道肌理、路面状况及水电煤气等详细排查梳理，汇总后请东南大学韩冬青老师主持规划并设计。这次设计不同往常，而是一户一户地进行，完全尊重原住民意见，首先是搬离还是原地改善，若搬离是提供住房还是补偿自买，不少居民是继承祖产，留下的对改善有何要求等，这样的设计针对性强，保护效果好。有一户原住民系三兄弟继承的遗产，有较大前后院，主要用前院，后院不用只堆放杂物，历史城区保护建设集团与之商量，白天提供给小区休闲，集团为其整修了花围墙，栽种了树木花草，白天给公众开放休闲，还保持道路肌理增加了公共空间。市政公用等管道，进入小区组织管廊，统一维护等实施效果良好，该项目黄洁副总经理由于她的艰难努力，2021年被评为市劳动模范。

该项目有利于老城保护规划实施，得到住房和城乡建设部的嘉奖，当时黄艳副部长在省住房和城乡建设厅厅长与市规划和自然资源局局长陪同考察时，在上述提供的后院公共空间内摄影留念，这也是对南京历史文化保护工作肯定的见证。

时任住房和城乡建设部副部长黄艳调研小西湖

图片来源：作者提供

南京的历史文化名城保护规划会随时代的发展不停地深化，最新版的保护规划拟划定老城区 4 片历史城区和一批永不拓宽的街巷等就是例证。

党的十八大以来，习近平总书记对历史文化保护的理念，大大地鼓励了我。习近平总书记在 20 世纪 80 年代担任河北省正定县委书记时，亲自保护了当年梁思成先生考察正定时所记录的内容，为我亲眼所见。2023 年 6 月 10 日中国第七个文化遗产日，习近平总书记又语重心长地告诫我们"要像爱惜自己生命一样保护好城市历史文化遗产"。2023 年 2 月，南京市委、市政府发文强调保护历史文化名城的保护要求，并将有关技术规定作为附件要求执行。凡此种种，与时俱进的保护理念，大大鼓舞和激励了这条战线上工作的我们。

孙敬宣　高级规划师，原南京市规划设计研究院院长

积极保护，永续传承

——童本勤

积极保护，永续传承

童本勤

未来，要结合城市更新，通过各类历史文化资源的保护利用来讲好文化遗产的故事，要让这些资源成为人民的文化自觉和文化自信。

做了几十年的保护规划工作，有两个项目我觉得挑战性比较大。第一个项目是2002年，在时任规划局局长周岚的带领下，做"南京老城保护与更新规划"。当时老城面积占主城不到20%，但聚集了主城50%的人口、65%的就业岗位和80%的高层建筑。当时河西、仙林、江宁都还没有怎么发展。从名城保护编制系列来讲，那时候还没有历史城区的概念，对老城怎么做规划也没有相关技术要求。我们把50平方公里的老城作为一个单元，协调保护与发展的关系。我们花了很多精力对老城的历史演变、价值特色，包括明城墙在国内和世界的地位等进行了系统梳理，也学习借鉴了国内外的经验，提出"保护优先"的发展理念，确定"点、线、面"的资源保护名录和要求，总体来讲对老城的保护要求还是比较清晰的。

同时，也认识到老城是城市的中心所在地，从民国时期《首都计划》中提出的三条历史轴线，包括20世纪80年代旧城改造，已经改变了老城的传统肌理。虽然当时南京已经提出"一疏散三集中"的发展战略，但是老城的发展惯性和它的人口压力

《快速现代化进程中的南京老城保护与更新》

图片来源：作者提供

2002年主城高层建筑分布图

图片来源：作者提供

083

2002 年新街口中心区由北往南看

图片来源：作者提供

2002 年新街口中心区由南往北看

图片来源：作者提供

以及吸引力、发展势头的矛盾仍然比较突出，所以在发展关系的处理上，重点研究功能怎么提升、空间怎么整合、文化品质怎么营造，包括对 20 世纪 80 年代已经建成的多层住宅环境要进行整体改善，对高层建筑要适度控制、构筑独特的地标体系等系列策略，总体还是提倡老城要多元发展，确保未来老城一方面是历史文化的核心，另一方面也是城市中心。在完成这个项目以后，我们编撰出版了《快速现代化进程中的南京老城保护与更新》这本书，对南京老城保护工作进行了系统总结。

第二个挑战性比较大的是城南传统民居型历史地段划定工作，在 2008 年做名城保护规划的时候，正好遇到 2009 年的"老城南风波"。当时南京老城南地区，由于采用了大拆大建的改造方式，有一批比较好的传统风貌建筑群，包括评事街、仓巷、安品街等地块被拆了。老城南是南京历史文化根基最深厚的地区，在这个地区拆了这么多房子，有一些专家对更新方式提出了质疑，2006年、2009年两次给温家宝总理写信。对于老城南何去何从，专家们对于名城保护和总体规划的成果表达有想法，规划部门该如何完善规划成果？这个压力是非常大的。

当时我们对老城南地区进行了全面梳理，有些地方已经拆掉了，像荷花塘还在，三条营拆得少一点，基本上都还在。针对当时的情况，我们提出南捕厅、荷花塘、三条营作为历史文化街区，要进行严格保护，对已经拆迁的评事街、花露岗，包括当时资源条件差一点的、这两年城市更新比较成功的小西湖，虽然它们达不到历史文化街区的要求，但从应保尽保的角度，作为风貌区进行保护，改变大拆大建的方式，就以当时的资源条件划定了保护范围，提出"政府主导、统筹规划、整体保护、合理利用"16字的更新方针，最后，专家们对我们确

2009年划定的荷花塘
历史文化街区保护范围

图片来源：作者提供

沿城墙搭建的棚户区

图片来源：作者提供

20世纪80年代建设的娄子巷小区

图片来源：作者提供

定的街区保护数量、划定的保护范围和渐进式的更新模式，总体还是满意的，从而避免了再次风波。

南京编制了四版历史文化名城保护规划，现在在编制第五版。伴随着四版历史文化名城保护规划的编制，我认为南京老城保护与更新工作大致经历了四个阶段。

第一个阶段是20世纪80年代。20世纪80年代初，由于"下放人员"和知青的大量回城，对城市住宅是非常急需的。当时政府强调以旧城改造为主，张府园、中山东路、戴家巷等一批低层住宅，包括新街口附近、鼓楼附近都有很多，都进行了改造，这个阶段老城的空间形态还是发生了很大的变化。

第二个阶段是20世纪90年代。由于以地补路，工业建筑的退二进三，外资企业的进入，第三产业的发展，老城的发展是比较聚集的。城市外围除了第一阶段建了几个集中的小区以外，在20世纪90年代几乎建设的重心都在老城，有近千栋24米以上的高层建筑拔地而起。所以20世纪90年代南京老城的变化是比较大的。

第三个阶段，到了21世纪。这一段时间，政府已经确定了以新区发展为主。但是由于外围处于快速建设阶段，它的产业和人口集聚还有一个过程，虽然老城有保护的意识和共性认识，但是发展的矛盾与压力同步存在，两次老城南事件也是发生在这10年。但是，从建设来看，新区建设和老城改造是同步的，老城的环境整治，当时南京做得轰轰烈烈，包括老城添绿计划、明城墙石头城公园、夫子庙地区、

积极保护、永续传承

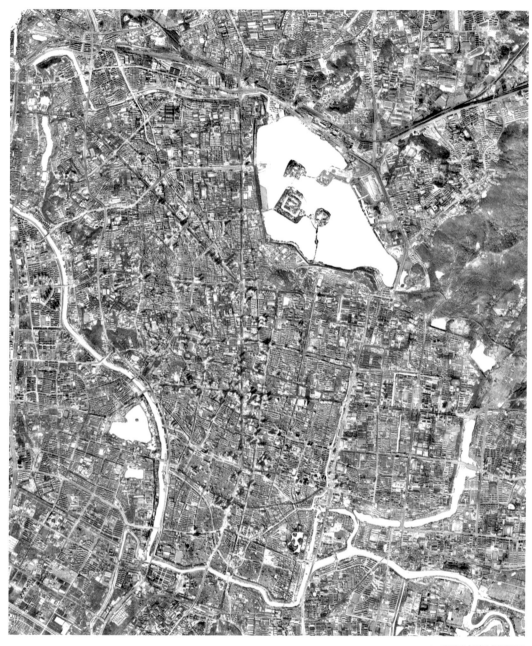

2000 年老城影像图

图片来源：作者提供

总统府地区、梅园新村都进行了环境整治，高层建筑得到了有效控制。

第四个阶段就是党的十八大以后。一方面我们国家从上到下对历史文化保护的意识在加强；另一方面南京外围的新区也建成了，建得有吸引力了。这个时候老城的压力相对来讲就好得多。先后建成科举博物馆、大报恩寺遗址公园、老门东等一批文化复兴项目。以小西湖风貌区为代表的小规模、渐

南京老城环境整治

图片来源：作者提供

进式的城市更新进入了新阶段。2023 年南京市政府还出台了《关于加强保护传承营建高品质国家历史文化名城的实施意见》《关于进一步加强老城风貌管控严格控制老城建筑高度规划管理的规定》两个配套文件。我认为未来的老城，历史与现代相融合、极具文化品质，在国内是有特色的。

提到南京历史文化名城保护规划，第四版跟第五版大的结构、内容基本是一致的，主要的创新点我觉得有三点。一个就是对历史城区，我们实施的是多元化的保护方式，在整体保护老城格局的基础上，对四片历史城区进行更加严格、突出主题的保护：老城南的传统文化、传统肌理；明故宫是以遗址公园为核心，保护格局更加重要；清凉山的高校多，民国时期建筑多，大单位、省市机关多，强调的是山水环境与这些斑块的融合关系；第五版增加了北京东路历史城区，即市政府、中国科学院、九华山那一带，文化氛围浓厚，城市更新的潜力是比较大的。通过对这四片差异化更加严格的要求，把各片的特色体现出来。

二是在历史地段层面，南京提出三级保护体系，一级是指定保护，如颐和路、梅园新村等；严格按照历史文化街区保

老门东、小西湖历史
文化街区

图片来源：作者提供

护的要求管理，是最严格的；第二级是对达不到认定要求，但是我们认为对南京又非常重要的地段，增加了一批风貌区，包括小西湖、百子亭、复成新村等；第三级是一般控制，就像陶谷新村、燕子矶老街等，有一点资源，但是总体上它又发生很大的变化，就作为一般历史地段进行保护。对外边的古镇村也是这样，如果跟苏州比，南京没有那么多历史文化名镇，目前只有一个淳溪镇。其实像六合竹镇、江宁的湖熟，都有一定的历史文化资源，规划把它们作为市级名镇来进行引导，对高淳的东坝、六合的瓜埠等达不到要求的，就作为古镇进行保护。

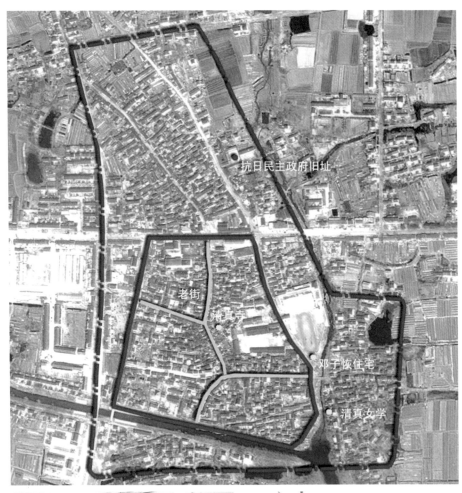

抗日民主政府旧址

老街

清真寺

邓子恢住宅

清真女学

2008 年初步划定竹镇历史镇区保护范围

图片来源：作者提供

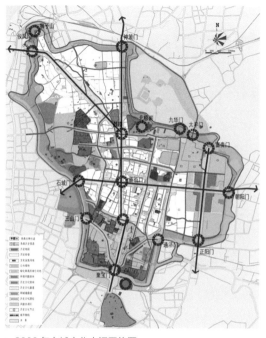

| 2009 年老城文化空间网络图 | 2009 年主城文化空间网络图 |
| 图片来源：作者提供 | 图片来源：作者提供 |

　　三是我们从 2008 年第四版历史文化名城保护规划编制的时候开始，就强调了文化网络的构建。运用了文化斑块、文化廊道、文化路径这样的组织思路，一方面强调资源跟资源相互之间的串联，另一方面强调和社区中心、公共绿地、文化馆、老年活动中心等设施进行串联。有大的历史轴线明城墙、秦淮河，也有小的历史街巷的串联路径，包括长江路、学府路等。

　　2021 年 9 月，中共中央办公厅、国务院办公厅出台了《关于在城乡建设中加强历史文化保护传承的意见》（以下简称《意见》），我觉得是非常及时的。《意见》给我的印象最深的是，它从顶层设计和系统保护的角度统筹了规划、建设、管理，构建了一个新系统，为今后工作指明了方向。

　　通过学习《意见》，对我们未来的工作也有几点建议。第一，不论是从省级层面，还是市级层面，应积极响应《意见》的要求，开展城乡历史文化保护传承体系的构建研究。具体来讲，因为名城保护涉及的方面比较多，不论从管理体系还是我们编制体系，还是资源对象体系和实施、监督体系，《意见》都指明了方向，但是各个城市的管理体制和机构分工都是不一样

《传承与彰显——南京红色文化资源空间保护
利用》

图片来源：作者提供

南京主城红色文化聚集区

图片来源：作者提供

的，所以要建立符合地方行政管理和资源特色的保护传承体系。

第二，我是觉得可能要加强行业遗产的挖掘与保护研究。根据《意见》对保护对象要素全囊括的要求，目前我们对资源保护对象更多的是从"块"上进行梳理，包括我们的历史街区多少，文物点多少，历史建筑多少，未来还是要强调行业即"条"上的研究。目前农业农村部已经认定了 6 批 138 项中国农业重要文化遗产，工业和信息化部 2018 年就印发了《国家工业遗产管理暂行办法》，前后已经公布了 5 批 194 项工业遗产。

在国家层面，行业遗产的挖掘和研究，已经指明了大的方向。但是在省市层面，行业遗产的研究和挖掘，目前还处于探索阶段。我院在 2018 年编制了《南京红色文化资源保护与利用专项规划》(南京市委宣传部和规划局共同组织)，并出版《传承与彰显——南京红色文化资源空间保护利用》，2021 年完成南京交通历史文化资源的挖掘研究课题(南京市交通部门牵头组织)，通过这两个项目的研究，丰富了南京名城的内涵，补充了历史文化资源。我认为未来加强行业遗产的挖掘和保护研究工作是非常重要的，是对"要素全囊括"要求的具体落实。

第三，要加强对居住类历史地段保护更新实施机制、政策及制度的创新探讨。我们目前历史地段或历史文化街区的保护规划方法，保护的理念，包括成果内容已经基本成熟，也比较丰富。但是实施推进是很难的，在小规模渐进式的更新过程中，往往一事一议，浪费了大量的人力、物力，那么对于居住类的历史地段，要研究在政府有限投入资金的条件下，如何通过用地调整、产权重组、财务支出、市场介入，包括宽松管理等制度的支持，以确保居住类历史地段保护更新有序地实施推进。

童本勤　南京市规划设计研究院有限责任公司总规划师

建好用好大运河国家文化公园

梅耀林

建好用好大运河国家文化公园

梅耀林

面向新时代的国家文化公园建设，我认为需要从两个角度去思考：一是国家的公园，彰显国家文化，具有国家文化代表性，传递国家精神与价值观；二是人民的公园，需要走近民众生活、满足人民需求。这就要求国家文化公园是容易进入的空间，是易于理解的文化展现，有契合文化的游憩内容。

《大运河国家文化公园（江苏段）建设保护规划》的编制背景，可以从两个方面理解。

一是工作背景。2017年1月，中共中央办公厅、国务院办公厅印发《关于实施中华优秀传统文化传承发展工程的意见》，首次提出了"国家文化公园"这个概念，主要意图是依托重大历史文化遗产，建设一批国家文化公园，形成中华文化标识。同年，习近平总书记做出重要指示批示："大运河是祖先留给我们的宝贵遗产，是流动的文化，要统筹保护好、传承好、利用好。"同年12月，中宣部起草了《国家文化公园建设试点工作方案》，江苏省作为试点段落，于2018年4月率先启动《大运河国家文化公园（江苏段）建设保护规划》（以下简称《规划》）编制工作，为推动国家文化公园建设探索路径、积累经验。《规划》于2018年6月29日通过专家论证，并得到中宣部高度认可。2019年12月5日，经过了约两年的探讨和摸索，中共中央办公厅、国务院办公厅印发了《长城、大运河、长征国家文化公园建设方案》，作为国家文化公园建设的总体纲领。

二是时代背景。习近平总书记强调，没有高度的文化自信，没有文化的繁荣兴盛，就没有中华民族的伟大复兴。中国式现代化是物质文明与精神文明相协调的现代化，没有社会主义文化繁荣发展，就没有社会主义现代化。而国家文化公园建设就是社会主义文化建设的一种具体表现。

对于国家文化公园的概念内涵，我认为至少要有以下三个属性：

一是国家文化属性。国家文化公园首要体现的是"国家文化"，要通过具有突出意义、重大影响、重大主题的文物和文化资源讲述好"中国故事"，深度挖掘文物和文化资源的文化价值和精神内涵，充分彰显中华优秀传统文化的持久影响力和强大生命力。

淮安里运河

图片来源：中国青年网

二是资源代表属性。与国家公园不同，国家文化公园将具有突出意义、重大影响、重大主题的文物和文化资源作为核心对象，体现了对资源本身代表性的高度重视，这些文物和文化资源是体现文化价值、精神内涵的重要构成要素。

三是公园管理属性。国家文化公园实施"公园化管理运营，构建中央统筹、省负总责、分级管理、分段负责的工作格局"，较为明确地强调了公园管理属性。简而言之，国家文化公园是精神层面的文化在物质层面的空间上的表达。

总结归纳下来大运河江苏段的价值内涵包括五个方面：

一是国家治理的中国智慧。大运河江苏段是中国大运河漕运管理中枢，也是最重要的粮、盐产区，在稳定政权、促进和维持国家统一中发挥了巨大的作用；与大运河相伴的盐政、邮驿、国家巡视制度及商贸流通体系，在促进经济发展、社会稳定和国家统一等方面起到了强有力的推动作用。

二是经济运行的中枢命脉。唐宋以来，大运河江苏段沿线地区一直是中国城乡经济最繁荣的地区之一。清末漕运功能停止后，大运河江苏段一直是江海运输要道。近代民族工商业的兴起与发展也是依托大运河，并成就了苏州、无锡、常州等城市成为近代中国社会转型的先发地区。

三是多元文化的交融纽带。大运河江苏段的开凿和贯通，融汇了吴文化、淮扬文化、楚汉文化、金陵文化等地域文化，形成了诗意的人居环境、独特的建筑风格、精湛的手工技艺、众多的文学作品以及丰富的民风民俗；同时，大运河江苏段还是鉴真东渡的起点，是马可·波罗南下扬州的通道，是古代外国使节、传教士、旅行者的驿站，江苏段大运河将内地与沿海、亚洲内陆与东亚沿海地区、陆上丝绸之路与海上丝绸之路联系起来，成为古代中国连接世界的交通要道。

四是水工科技的中华名片。大运河江苏段留下了类型丰富、数量众多的水工遗产，有 16 项水工遗存列入大运河世界遗产要素，数量居全线首位。江都水利枢纽是中华人民共和国成立后第一座由中国人自主设计、制造、安装、管理的大型泵站群，也是中国最大的引调水枢纽工程、源头工程。

五是革命精神的鲜亮旗帜。大运河江苏段沿线是我们党活动和战斗的重要区域，涌现出周恩来、瞿秋白、张太雷、恽代英等党的早期领导人，陈延年、赵世炎、邓中夏、陈毅、粟裕等曾在此从事革命活动，分布有革命历史类纪念设施遗址 1710 处、全国爱国主义示范基地 23 处、全国红色旅游经典景区 23 处。

淮安御码头

图片来源：作者提供

苏州吴门桥

进入新的发展阶段，建设国家文化公园要面向新时代，需要从两个角度去思考，一是国家的公园，彰显国家文化，要有国家文化代表性，要传递国家精神与价值观；二是人民的公园，需要走近民众生活、满足人民需求。这就要求国家文化公园是容易进入的空间，是易于理解的文化展现，还要有契合文化的游憩内容。

关于怎样建设国家文化公园，我认为需要贯彻三个理念：

一是重在传承、融入生活。让民众在日常生活中方便地接触、体验和感悟文化，方能得到有效保护、传承、弘扬。

二是立足历史、展望未来。我认为国家文化公园的建设尽管很多载体是文物和文化资源，但不必穿越历史回到过去，而是要在功能重构的基础上赋予文化遗产当下的意义与价值，既要考虑到大运河文化的历史，也要站在现实的角度上展望未来。如全晋会馆等运河遗产的活化利用，这些文化遗产是把一些旧厂房改造形成创意街区，这就是活化利用面向未来，给文化遗产赋予新功能的一种方式。

三是创意引领，文旅融合。致力于中华优秀传统文化的创造性转化和创新性发展，要让传统文化遗产"活起来"。如设置一些特色化的 IP、营造一些场景式的沉浸体验，还可以

扬州中国大运河博物馆
图片来源：大运河传播

开发一些特色文创产品等，这些都是利用创意将以前的文化和现在的发展融合起来。

在主持推进《大运河国家文化公园（江苏段）建设保护规划》过程中，我们推进了数字云平台建设、国际设计工作坊活动、发布共识等一系列工作。

国家文化公园是一个全新的概念，放眼全世界，也是个新事物。因此，我们采取了国际设计工作坊这种形式，一是希望能够学习国外经验。关于历史文化保护，国外还是有很好的实践经验，比如法国的米迪运河，美国的查科国家历史公园等。二是通过国内外多个跨领域、跨学科的交流，探索国家文化公园的建设方法和实施路径。大运河国家文化公园（江苏段）国际设计工作坊历时一周，共邀请了9位国际技术专家、4位国内特邀点评专家、3位国内技术专家、2位苏州本地专家以及江苏省城市规划设计研究院7位专家共同组成专家组，开展了为期一周的规划设计工作。工作坊还设置了开营仪式、主题沙龙、闭营仪式等若干重要环节。闭营仪式上，国际城市与区域规划师学会、中国城市规划学会还联合发布了《大运河国家文化公园试点建设的苏州共识》，主要包括制度的创新性、价值的整体性、文化的在地性、保护的科学性、传承的融合性

淮安里运河文化长廊举办系列活动

图片来源：作者提供

苏州山塘街

图片来源：作者提供

和利用的共享性。这个共识，在 2019 年雅加达的年会上面向全球发布。

建设大运河数字云平台的初衷有几个方面。

一是为了展现。大运河运行时间很长，在持续建设中有很多精彩的阶段，也发挥了很大作用，但这些历史场景不可能恢复，但多年的故事是可以通过虚拟的数字空间予以展现，实现全时空的、全地理空间的数字空间复原。

大运河国家文化公园
（江苏段）国际设计工
作坊签约仪式

图片来源：作者提供

二是为了收集资料。大运河有相当数量的文献资料，现状都处于散落状态，通过数字云平台，可以把散落在各个平台、各个层级的资料做一些整理和梳理，形成数据库，供查阅和开展科研所用。

三是为了监测。大运河历史很长，同样，建设依然持续不断，为了更有效地管理，可通过可视化的方式对所有的建设过程进行实时监测。

四是为了利用。大运河的宝贵遗产资源，我们也希望通

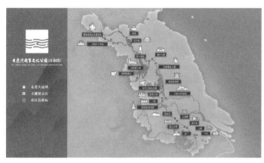

大运河历史文化资源展示页面

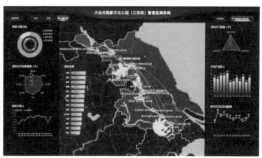

监测与评价指标可视化

核心展示园实景三维展示页面

虚拟漫游互动体验页面

公众服务端界面

图片来源：作者提供

过商业运作，借助市场的力量，通过云平台形成线上商家与消费群体的沟通平台，实现云平台的持续运营。截至目前，The Golden Canal（金色运河）海外媒体账号 Facebook 平台主页覆盖人数超 980.46 万；Twitter 平台曝光量超 192 万；Instagram 平台曝光量超 47.5 万。

梅耀林 江苏省设计大师，研究员级高级规划师，江苏省规划设计集团有限公司党委副书记、总经理

我与大运河的
故事

黄　杰

我与大运河的故事

黄　杰

在大运河沿线城市里面，扬州是最有资格来代表运河的一座标志性城市。

我从小就生活在运河边，但是在比较长的时间里，我对运河的了解是肤浅的，直到后来研究运河才知道，当时在申报世界文化遗产的时候，由于众多的原因，有一些实际上是属于运河体系的运河并没有纳入其中，比如说扬州茱萸湾东边的运河，也有 2000 多年的历史，是吴王刘濞开挖的，叫运盐河，扬州、泰州以及南通地区把它俗称为通扬运河。小时候我出生的地方就在通扬运河边上，但它不是我们所讲的遗产运河。

1989 年，我来到了大运河的原点城市扬州——在公元前 486 年吴王夫差就是在这里开邗沟、筑邗城，挖下世界文化遗产中国大运河的"第一锹"。从 1989 年一直到 2005 年，我对于运河的认识是比较负面的，因为当时我的印象里面，扬州电视台只要播到运河，往往是在下暴雨的时候，古运河的水暴涨，生活在运河边上的居民怨声载道。我记得在古运河整治之前，运河边上是脏乱差，所以在那个时期，运河并没有给我带来太多好印象。

为什么我在 2005 年开始研究运河，是因为有一个偶然的机会——扬州有一个民间组织研究机构叫儒商研究会，是扬州的一批退休干部以及文化学者，他们组织的一个以儒商为研究对象的民间的组织。当时扬州大学副校长周新国教授在研究会，另外扬州大学人文社科处的王新驰处长也在里面担任职务。这个组织为了开展工作去筹措资金，一开始他们是用原来领导的一些余热，向一些企业"化缘"，后来想到为社会、企业提供服务，以获取研究会发展所需要的资金。王处长就找到我，把我吸纳到儒商研究会，成立了研究会所属的一家文化服务公司。当时开展的业务主要是两类，一类是文化服务产品，一类是培训。

第一个项目要做一个文化产品。在论证的过程当中，大家集思广益，因为参与项目的有许多扬州的老同志、文化学者，所以他们提出来，扬州是一个运河城，运河与这座城市同生共长，能不能以运河为题来开发一个文创产品——当然以前没有文创这个词，于是任务就交到我手上了，当时已经退休的扬州市委宣传部部长赵昌智还为这个产品题了 6 个大字"古运河·千秋风"。

扬州五亭桥

图片来源：星球研究所

设计这个产品的时候，正好中国邮政进行改革，过去邮政是不对社会开放的，这个时候有了个性化邮品，当时邮政局的一位同志就主动找到我，说如果能够跟邮政的个性化邮品结合起来就挺好，因为那个时候集邮、邮品都还是有一定的社会基础，同时我也觉得是一个比较新颖的事，是一个很好的载体，当时就接受了，但是这里面的内容如何来呈现？接到任务以后我有一个比较长的时间思考。于是就开始进行调研，去收集资料，去考察，同时包括到外地考察。

我们在翻看一些运河的书籍的时候，看到的是两千多年的运河历史与扬州这座城市的关系，确实像一些老同志所讲的，是一个同生共长、荣辱与共的关系。但是当时我所看到的运河和历史上运河给扬州所带来的繁荣形成了强烈的反差。历史书里记载了运河给扬州造就的三次繁荣，和我所看到的运河给扬州，特别是运河周边的老百姓带来的自身感受有很大差异，这使我的内心受到很大触动，也为我后来参与呼吁推动申遗，以及后来研究运河这方面给我们一个很大的启示，也是动力所在。所以说我跟运河真正结缘，始于 2005 年开发运河主题的邮品之时。为了做这个邮品，我要去看书籍，需要去调

大运河调研

图片来源：作者提供

研，这个过程使我对运河的认识开始有了深入的了解，并且也发现了一些问题，比如与运河最亲密的老百姓，他们对运河没有什么感情，不生活在运河边上的人，他们也不太关注，谈不上知运河、爱运河、保护运河。

2005 年"运河三老"（指郑孝燮、罗哲文、朱炳仁）给运河沿岸 18 座城市的市长写了联名信之后，引起了强烈的反响。2006 年"两会"期间，58 位全国政协委员联名提交了《应高度重视京杭大运河的保护和启动"申遗"工作》的提案，也在当

"运河三老": 郑孝燮
（左）、罗哲文（中）和
朱炳仁（右）

图片来源: 运河之都百
里画廊

年引起了强烈的反响。后来《小康》杂志对这件事情做了一个大型的采访，他们了解到"古运河·千秋风"的邮册项目，就联系到我，我就接受了杂志社的采访。邮册做出来之后，反响也比较好，后来又作为政府礼物送给当时参加"4·18烟花三月国际经贸旅游节"的各个地方的嘉宾和媒体。接受采访的时候，我记得我说的一句话："在大运河沿线城市里面，扬州是最有资格来代表运河的一座标志性城市。"另外，我表达的就是：扬州应该在运河文化的保护传承当中发挥自己应有的作用。

我与运河的缘分，总结下来是分为几个阶段的：第一个阶段就是我生活在运河边上，但对于运河没有任何的了解；第二个阶段是我真正到了扬州古运河边上，对运河有了了解，但它并没有给我留下一个好的印象；第三个阶段是做邮品，开始深入研究运河。我对运河的情感实际上是错综复杂的：一是对运河的历史感到敬畏，第二个是对于那时候的运河情形的担忧。我觉得用《小康》杂志当时写的那篇长篇报道的标题很契合当时的一个心情，叫"抢救大运河"；第四个阶段就是大运河的申遗成功之后，特别是大运河文化带建设决策部署提出来以及实施之后，我看到了运河巨大的变化，所以我内心是一种欣喜，充满了希望。

关于加快京杭大运河遗产保护
和"申遗"工作的信
郑孝燮 罗哲文 朱炳仁
（2005年12月15日）

各位尊敬的市长：

在2005年新年到来之际，我们三位城市建筑、文物保护和工艺美术专家，怀着急迫的心情，联名致信给你，呼吁用创新的思路，进一步加快京杭大运河在申报物质文化和非物质文化两大遗产领域的工作进程。

我们三个人的岁数，加起来有二百三十年了。以我们的经验来看，京杭大运河可真是一个宝啊！沿岸的文化遗产内容令人眼花缭乱，如果再加上还未被发掘的非物质文化遗产，那就更令人兴奋。如果将京杭大运河的历史价值、文化内涵和对中国历史发展的贡献相加，可以毫不夸张地说，足以与长城媲美。

我们坚信，京杭大运河申遗的成功率非常大，甚至大过目前正在排队等待地大多数申报项目。自1995年，由我们中的罗哲文首次提出中国应该对京杭大运河进行"申遗"工作以来，至今已经经历了20个年头而且我们国家的收获甚丰。中国已有31个项目名列世界文化和自然遗产名录，"申遗"的申报工作也已进入实质操作阶段。这是国家的大好事，是民族的盛事。我们的后代将会感谢和铭记所有为此作出贡献的人。

但是由于各种原因，京杭大运河的"申遗"工作迟迟难以向前。这也造成了目前大运河由于行政区划面产生的保护与发展规划不一致甚至相左。我们向你们建议，这件工作不仅不能再拖。而且，在大运河沿岸的经济发展高潮还未到来之际。务必还要使主管部门将申报自然文化遗产与申报非物质文化遗产结合在一起通盘考虑。这样才能作到全面。

沿在历史的高度来看，京杭大运河的价值和风貌传承于万年不能在我们这一代人手中"断流"。而更重要的是与以往的文物景观不同，京杭大运河是一个流动的、还活着的遗产。所以必须保护要考虑发展，发展中要涵括保护。这才是我们申遗的目的，可有效促进当地可持续发展。

我们完全有理由相信，通过"申遗"，京杭大运河完全可形成一条新的景观带；在保护和弘扬了中华千年文化的同时，还能够使京杭大运河沿岸人民的生活更的更美好。

北京 郑孝燮（90岁）
北京 罗哲文（82岁）
杭州 朱炳仁（61岁）

2005年12月15日

"运河三老"联名信

图片来源：人民日报海外版齐欣提供

大运河和长城类似，它是一个线性的文化遗产，长度很长，涉及的行政区很多，但是它的本体性质不一样。长城是一个不可移动遗产，同时它主要的使用功能已经丧失，因为长城是一个防御军事工程，可能最早运河是出于军事目的而开挖的，用来运送军粮和军队，但是运河长时间最主要的功能是运输功能，特别是漕粮运输，所以它的区别就在于长城是不可移动文物，而运河是仍然在发挥着本体功能的文化遗产，造成在申遗的时候难度就非常之大。

传统意义上的申遗，要确保遗产的所谓的完整性、原真性等，用在运河上面就非常困难，大运河在2500多年的历史进程当中，它本身就处在一种变化中。首先，以扬州为例，邗沟有13次重大变化，怎么去界定哪一段或者说哪几段来申遗？第二，它涉及8个省份，35个城市，在不同的省市之间协调，难度是巨大的。第三，运河随着漕运制度的终结，以及很多其他原因，北方运河长期废弃，尤其是山东济宁以北很多运河，在调研的过程中看到运河有很多废水和垃圾，所以我们在后来申遗的时候，认为包括隋唐运河、京杭运河，以及浙东运河，总长有3200公里，但最终申遗的河段，只有三分之一，1011公里，因为有很多的河段已经不具有申遗的基础。我们是在 3200 公里里面，选取了一些有一定文物价值、有比较好的申遗条件的来申遗，所以说协调的难度比较大。此外，运河本体由于历史的偏差，有许多地方已经不具备申遗的条件。甚至，在申遗过程当中，还发现了一些城市在建设过程中破坏运河遗产，所以这些城市在申遗过程中就被排除在申遗城市行列之外。

对于扬州来说，不是在这几年才去改变运河的。扬州在"运河三老"给大运河沿线的城市写了信之后，就开始行动了，因为扬州作为大运河原点城市，就主动扛起了牵头申遗责任的大旗，在大运河的遗产保护、文化传承利用方面作表率。2006 年 9 月 10 日，联合国人居署给扬州市政府发来贺信：由于在保护古城和改善人居环境方面的成就，扬州被提名获得 2006 年"联合国人居奖"。扬州获得"联合国人居奖"的基础，是扬州市委、市政府对古运河的环境整治，古运河两岸的棚户区拆迁、景致提升、水质改善，周边老百姓的居住条件改善……实际上从申遗成功之后，大运河文化带建设提出来之后，扬州的变化在加速。举个例子，扬州的三湾片区原来是一个脏乱差的地方，虽然那里有几个上市公司，几家大型企业，给扬州的经济带来了活力，但是也带来了一些负面影响。三湾还有扬州一个大型的安置小区杉湾花园，那个时候如果去问一下杉湾花园的住户，他们的幸福感怎样？一定说不如现在，因为当时他们的窗户都不敢打开，只要窗户一打开，气味就非常难闻。

扬州市委、市政府下大力气迁厂进园，或者易地搬迁，进行土地修复，环境整治，建设了三湾湿地公园，又把大运河的标志性工程中国大运河博物馆建在那里，今天就形成了中国大运河国家文化公园的标志性的核心展示区，所以我们看到这就是一个翻天覆地的变化。这个时候我们有机会去采访三湾的老百姓，他们又会说什么？习近平总书记来扬州的时候，我们很多媒体去采访一位杨姓的老大爷，他脸上的笑容，他的自豪感是发自内心的。他主动地成为一名志愿者给来三湾游玩的游客讲解三湾的变化，我觉得那一定不是做作，而是一种内心的感受。

现在三湾不仅是环境变化，政府在这里又建了城市书房，还有免费的公园休闲设施。老百姓从大运河文化带建设当中切切实实得到了满足感和幸福感，所以我觉得这个变化是非常大的。

习近平总书记一直高度重视大运河文化保护传承工作，他在视察大运河杭州段时，曾经讲到要进行大运河杭州段的整治，说要把杭州的大运河变成"人民的运河""游客的运河"。

2006 年，全国政协提交大运河的提案之后，有一个全国政协考察团对大运河全线进行考察，当时习近平同志担任浙江省委书记，他专门抽空接见了代表团成员。2014 年 2 月底在视察雄安新区之后回北京的途中，习近平总书记又视察了大运河的通州段，要求深入挖掘以大运河为核心的历史文化资源，大运河文化的保护

扬州运河三湾
图片来源：扬州学习平台

传承是大运河沿线所有城市共同的历史责任。

到了 2017 年的 6 月，习近平总书记批示："大运河是祖先留给我们的宝贵遗产，是流动的文化，要统筹保护好、传承好、利用好。"首先告诉大运河沿线的老百姓，包括全国人民，要高度关注祖先留给我们的遗产，要唤起我们的历史使命感和责任感，另外提出了"保护好、传承好、利用好"，这个"三好"是一个目标，也是一个手段。

2020 年，习近平总书记来扬州视察提出"致富河、幸福河"的时候，我们可以说"保护好、传承好、利用好"是一个阶段性目的，但大运河文化带建设的最终目标是什么？就是要使大运河成为人民的致富河、幸福河，而此时，保护、传承、利用就变成了一种手段。所以我们一开始对这个问题的认识，是目标和手段的一致性，但是到今天我们再来看，为什么要做大运河文化带建设？其实是要让大运河继续发挥它的作用，使其成为沿岸人民的幸福河、致富河，只有通过保护、传承、利用才能实现，这是我个人的理解。

致富河是什么？其实它揭示了大运河就是历史上的一条财富之河。因为运河的开挖、疏浚、畅通，使大运河沿线成

| 大运河淮安段

图片来源：淮安发布

为中国的经济走廊、文化走廊，有很多运河城镇因运而生、因运而兴，造福了两岸的老百姓。由于铁路的兴起，有许多的运河城市、城镇衰落，不再有以往的辉煌，扬州也是，那么习近平总书记在扬州谈致富河、幸福河，也就是希望扬州要借助于大运河文化带的建设，以文化引领区域的高质量发展。当然这不仅是对扬州来讲，对整个大运河沿线城市都应该成为中国式现代化的"排头兵"，因为在古代大运河沿线就是全国的"排头兵"，致富河就是要恢复它作为经济运河、商贸运河的作用。幸福河是什么？如果这条河变成了一条生态之河，变成了一条致富的经济之河，变成了一条旅游者爱好的旅游之河，那么人们能不幸福吗？所以以文化引领区域经济的高质量发展、生态的高质量发展、文化的高质量发展以及旅游的高质量发展，使老百姓从大运河文化带的建设当中去拥有满满的获得感，那么自然而然幸福感就来了。

扬州大运河的文化保护传承利用是全方位的。为什么许多城市到扬州来学习"取经"？其实扬州确实做了许多工作，第一，在当时还没有地方立法权的时候，扬州制定了一个地方性的行政规章《大运河扬州段世界文化遗产保护办法》，以行政规章制度给扬州大运河的保护传承定了一个规矩。

第二，扬州在申遗成功之后，将原来的联合申遗办公室职能进行了迅速转变，变成了保护管理办公室。原来是申遗，那么申遗之后，是以更高的标准来保护和管理大运河的遗产，这个是在大运河文化带的建设之前就已经开始存在，由联合申遗办公室变成了保护管理办公室，迅速地转变职能。

第三，扬州对大运河文化的保护与利用坚持一个久久为功的原则。如诞生于申遗过程当中的世界运河城市论坛，除了疫情中断了一年之外，一直没有中断，一直在坚持，把它由原来作为一个推动申遗的国际平台，变成了一个现在以运河为纽带的国际人文交流的平台，而且做得越来越好，规格越来越高，去年已经升格为国家级的论坛。

第四，扬州主动地去配合南水北调的东线工程。我们在大运河文化带建设提出来之前，扬州就主动地实施了一重大的决策——建设江淮生态大走廊，江淮生态大走廊就是以运河为主轴来进行生态运河的建设，主动地拆迁南水北调东线沿线的一些有可能对于运河的水体造成污染的码头、企业、养殖场。

清·徐扬《姑苏繁华图》大运河浒墅关段

图片来源：吴文化博物馆

皮市街

图片来源：古城东关

第五，运河古城古镇的保护。扬州对运河古城、古镇的保护在进一步提升，扬州古城保护在进一步深化、细化，今天我们看到的扬州的古城更新，做得越来越好，以前的东关街，现在的皮市街、仁丰里等，当下的仁丰里经常上央视新闻，而在这之前是很少的，以前是一条名不见经传的小街小巷，现在变成了网红打卡地，皮市街也是一样。越来越多的扬州的古城、古街、古巷加入了有机更新的行列，而且越来越美，但是没有很多的拆迁，是习近平总书记讲的用"绣花"的功夫来进行。在古城更新当中，老百姓也有获得感，如果没有古城更新，没有复兴的情况下，很多古城老街巷就有衰败感。但今天我们看到古街很多的年轻人去玩、打卡，就带来了商业的繁荣、新的业态。在古城更新当中使古城又充满了活力，烟火气更浓了。古城更新的模式也在升级，东关街是政府主导，我们今天看到皮市街是老百姓自发的，仁丰里是政府主导和民间参与共同进行的。

所以我们今天看到的扬州运河的文化保护传承，既看到政府的力量，也看到民间的力量，社会组织如世界运河历史文化城市合作组织（WCCO）这种国际组织，还有志愿者，还有高校、大中小学生，以及民间团体，特别需要说明的是，扬州大运河文化带建设高度重视智库的作用，如市政府与扬州大学共建了中国大运河研究院，作为其中的一员，我深有体会，因为我本人是扬州市大运河文化带建设领导小组成员，有很多的会议我会参与，并发表意见，同时我也是市政协委员、区政协常委，我也会通过各种途径把我对大运河文化带建设当中的一些想法，通过提案、社情民意的方式呈现，供领导决策参考。比如说，最典型的就是我今年出的一个提案，就是"将扬州打造成为大运河研学第一城"，变成了市政协与市政府协商的一个主题，以市政协主席会议的形式与市里面的几个部门来交流协商。

还有一点就是大运河的"非遗"传承问题。在"非遗"这方面，扬州对"非遗"文化的传承利用也做了一些工作，比如说486"非遗"集聚区街区的建设，还有"非遗"大师工作室、"非遗"进校园等，当然486"非遗"集聚区街区在方式方法上面可能做得还不算太成功，后续是如何转化和深化的问题。扬

486"非遗"集聚区街区

图片来源：扬州大运河文化旅游度假区

扬州冶春园

图片来源：扬州广电新媒体

州在大运河历史文化保护传承方面是全方位的，从顶层设计做了很多规划，根据上位规划进行对应下位具体实施方案，所以扬州从总体上来讲，在大运河文化保护传承利用方面做了很多工作，包括还有绿色航运示范区，施桥船闸改造以及文化景观提升。

从全省来讲，大运河文化带建设已经全省全覆盖。当然我们说沿线 8 个城市，他们的责任更重大。其他 5 个城市里，我觉得南京的作用更特殊，它虽然不是在大运河的主航线上，但是它作为省会城市，省里面的大运河文化带建设研究院设在南京，大运河国家文化公园的数字云平台是江苏文化投资管理集团有限公司在做，另外，国家级媒体分支机构和省级的媒体都在南京，所以它的作用非常特殊。一方面它自身可能还有大运河的一些支流，要去挖掘，更重要的是省级平台怎么样去发挥它的引领作用。

大运河文化的建设从 2017 年开始也经历了两个阶段：第一个是动员阶段，动员阶段解决的是思想问题，大家以前对大运河的认识还比较肤浅，甚至还有些错误的认识，所以前期是通过学习习近平总书记大运河文化带建设的一系列的重要指示批示精神，然后通过书籍的出版、讲座活动的举办，江苏举办了各种文娱体育活动，通过这些活动，大家首先去关注运河，去了解运河。第二个阶段，就是怎么样去把保护、传承、利用落到实处，现在就处在组织实施、深化的阶段，也就是要对第一个阶段当中出现的一些问题，比如出现了一些偏差，要纠偏，一些问题可能太肤浅了，我们要如何深入？

这里面还有几个方面要注意：第一，大运河文化的建设落实过程存在区域性的冷热不均，有的地方比如像扬州、淮安等还是比较重视，有些地方实质上对此并不重视。第二，是部门之间的冷热不均，即使是重视大运河文化带建设的地区也存在类似问题。第三，在整个社会层面上讲，老百姓可能就图个热闹，有没有真正达到知运河、爱运河，主动承担起保护运河的责任？我觉得还没有。这几年举办了一些活动，但是有些东西还是浮于表面，特别是运河文化进校园还不是太深入，运河文化传承利用的希望在哪里？是在青少年，如果青少年仅仅就把它当作玩、打卡，我觉得这样的教育没有发挥它应有的作用，

| 大运河主题活动

图片来源：作者提供

扬州中国大运河博物馆

图片来源：中国大运河博物馆

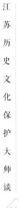

我们可以根据不同的年龄段去设置校本课程，特别是我们这两年谈到的思政问题，运河就是一个很好的思政教材，活教材，我们就要从文字、视频等现在的传播方式开展教育，另外也可以把研学结合起来，真正地让江苏的每一个中小学生都以运河鲜活的课堂，去了解中国的传统文化，了解中国人的精神。

关于大运河"非遗"文化的保护、传承、利用方面，还是需要一些"新招"。像扬州的"486"，显然没有达到预期效果。"非遗"文化保护传承利用的核心是人，是传承人，而不是给他一个房子，我们现在很多地方的投入在于房子，而不是人。很多所谓的"非遗"园、"非遗"馆等，我觉得这是方向性偏离，根本的是需要解决传承人的问题，怎么样让更多人愿意去学，减少"非遗"项目中出现的传承人的断档，这种现象是和"非遗"传承人本身的视野、能力、境界有很大的关系，以前的传统技艺"传男不传女""传内不传外"，这就是关键问题。还有一些人守旧，任何东西不可能是一成不变的，它本身就是在创新当中发展的，所以很多观念要改变。还有一点在于，缺乏现代的经营管理理念，就像扬州，它不缺工匠，但缺经营大师、管理大师，不懂如何做大做强。一些"非遗"传承人缺乏经营理念和手段，靠政府补贴是不行的，政府应该提高"非遗"传承人的思想观念、传承能力、创新能力。

场馆建设方面，新的场馆建设一定要慎重。大运河的文化保护传承，首先是保护，大运河上面很多现有的遗产本身把它保护好，提高展陈方式，而不是去建各种场馆。将遗产梳理清楚，把它保护好，将现有资源变成书本、变成影像视频，通过进校园等形式，增强学生、老百姓对大运河的深度了解。

另外像住建系统里面对历史文化古城古镇的保护，千万要注意的是四个空间的有机结合。所谓四个空间是什么？第一个是文化空间，历史文化名城首先是把文化的内容挖掘出来，要想怎么把它展示出来；第二个是商业空间，但不能全是商业空间，商业空间是一个服务性的，是为当地的居民提供服务、对游客提供服务，有经济效益的；第三个是生活空间；第四个是公共空间。四个空间要有机结合，而有些地方出现了偏差，把老百姓全赶走了，烟火气没有了。

最后，对于大运河历史文化保护的内容要进一步加强宣传。有一些老百姓对于大运河的认识以及大运河沿线文物的认识还比较浅，要进一步强化老百姓对于保护运河的主动意识，对于破坏运河的一些行为要强化监管，比如倾倒垃圾、污水等，要主动地追究责任，发动更多的人加入到志愿者队伍中去，宣传好、保护好大运河文化遗产。

黄 杰 世界运河历史文化城市合作组织（WCCO）顾问专家委员会委员、扬州大学中国大运河研究院执行院长

活着的六朝
文化

胡阿祥

活着的六朝文化

胡阿祥

在今天的江苏，六朝的历史，六朝的人物，六朝的记忆，是我们理解这片土地，理解这片土地上的生活，理解这片土地上的人民的一个前提。

中国人讲，一方水土养一方人，所以我生活学习过的几个地方对我的影响是比较大的。我的书房及微信的名字都叫"三栖四喜"，三栖是指我生活过的三个地方，桐城、上海和南京。后来之所以走上人文学科的道路，跟我的出生地，以及上大学之前的生活地——桐城有关系。

桐城龙眠山蛮有名的，跟宋画第一的李公麟有关系，李公麟画过《龙眠山庄图》。大概是 1970 年前后，山下的村民告诉我，山上的那个墓是清朝大学士张廷玉的，但是墓在特殊的时期被毁坏了，村民在当时的环境之下把棺材板捡回家。等到改革开放以后重修张廷玉墓的时候，他们把这些东西捐出来。我觉得这就是一种对文化的敬重。

桐城有一个非常有名的地名叫"六尺巷"，讲的是桐城人的谦让，敬畏先人，谦让处事，我想潜移默化之中对我是有影响的。

因为我父亲是上海人，后来 1980 年上大学，我报了上海复旦大学。在复旦大学

北宋·李公麟《龙眠山庄图》

图片来源：书画名家赏鉴

安徽桐城"六尺巷"

图片来源：作者提供

7年，本科4年，硕士3年，我学的是历史地理专业。1987年毕业后来到了南京大学，很多人对我这个选择有点不太理解，后来想应该有几个原因。

第一，南京大学重视历史地理专业。第二，我很喜欢南京这座城市。1986年我到南京的时候，感觉南京的山是我的，南京的水是我的，而且像紫金山、新街口、中山门，有那么多的历史文化故事，在南京有一种进入语境、情境的感觉，所以我真的蛮喜欢有山有水、有文化的南京。最后我选择到南京大学工作，至今30多年过去了，从助教、讲师、副教授、教授一路走到今天，这是我的三栖。

其实"三栖"有两个含义。桐城、上海、南京是我待过的三个地方，在复旦大学本科学历史、学地理，研究生学地理，到南京大学以后，在职读文学博士，这是我学过的三个专业。

"四喜"的意思是我养4种动物，猫、狗、龟、鱼。从记事开始，我的身边就不缺动物。有的时候看书累了，喜欢跟小猫、小狗眼神交流，它们的眼神非常的纯粹、直接。不高兴的时候眼神是忧郁的，想吃东西的时候，一边轻轻地叫，一边这么看着你，最简单的也是最深刻的。

其实我们对历史文化的认知也是这样的，我觉得历史文化的保护应该跟衣食住行一样，是人生活的必需品。

京杭大运河扬州段上的邵伯船闸

图片来源：星球研究所

如今淮安运河上密集的船只

图片来源：星球研究所

从历史文化的角度来说，江苏最辉煌的时刻，可能要把苏北、苏中、苏南分开来说，因为江苏是一个不太符合自然经济文化的区域划分。自然位置上它有淮河、长江分隔，直到今天我们还有"十三太保"的说法，我觉得苏北地区应该更接近北方文化，江淮之间南北兼容，而江南就成了一种雅致文化、天堂文化。

江苏北、中、南都有它的历史辉煌时刻，如果一定要找最辉煌的太阳和月亮，苏北应该是汉朝，徐州是汉之源。江淮之间最辉煌的时刻应该是唐朝。说起唐朝天下的繁荣，扬一益二，扬州是天下第一，成都是第二。说起扬州一定会说到淮安，淮安最辉煌的时刻是和扬州一同成为京杭大运河沿线重要都会的明清时代，京杭大运河是国家的命脉。我们经常说北京是运河上漂去的城市，所以说，江苏不仅仅是江苏的江苏，也是国家的江苏，实际上也反映了江苏在国家整体布局中的定位。在传统帝制时代，江苏就是"粮仓"和"钱袋子"，而这种"粮仓"和"钱袋子"，在唐朝的时候以及唐朝以后的一段时间，可能表现得最为突出的是江淮和江南，但是到了明代以后主要就是江南了。江淮地区因为受到环境破坏的影响而衰落了。江南这样的财富之地，这样的天堂，它开启于什么时代？开启于六朝。

云雾之中的紫金山

图片来源：星球研究所

在六朝之前，无论是江南还是南京，在司马迁的《史记·货殖列传》中，在班固的《汉书·地理志》里，都是一个自然经济的时代，刀耕火种的时代，"丈夫早夭"的时代，"饭稻羹鱼"的时代。到了六朝，孙权建都在这里，所以就要开发，这种开发是多方面的，包括城市、交通、农业、文化与民族的融合等。

公元 212 年，孙权改秣陵为建业，从此开启了南京的都城时代。历史传承到今天，现实中有活着的历史，已经远去的六朝仍然活在今天。

比方说南京最广为人知的一个称呼叫六朝古都，其实南京不止有六朝，后来还有南唐、大明初年、太平天国、中华民国，所以又叫十朝都会，但是我们今天看南京称呼更多的还是六朝古都，因为它是基本连续的，而且它保存了华夏文明，这一点非常重要。

所以我想在今天的江苏，六朝的历史，六朝的人物，六朝的记忆，是我们理解这片土地，理解这片土地上的生活，理解这片土地上的人民的一个前提。

南京人的口头禅就叫"多大事啊"。这就是六朝人的心态，也是六朝给予南京人的一种特别启示。在这种心态里面，南京人真的很洒脱。南京人非常喜欢《儒林外史》里的一个场景，

南京街边馄饨铺

图片来源：星球研究所

说两个劳动人民一天劳动结束了，不是去抽大烟，而是到雨花台去看看落照，到永宁泉去吃一壶水，这最符合广东工夫茶的说法。茶的香味不是闻的，是吃下去的。所以书中的主角杜慎卿就感慨，金陵城里面的菜佣酒保都有一股六朝烟水之气。

六朝对于南京的今天，是一种特别的资源，南京是一个让人想得开、拿得起、放得下的城市，在今天大家各方面都很"卷"的时代，人们的情绪都很焦躁的时代，南京是一个让你放松的地方，这是六朝给予我们的特别恩惠。

在今天南京主城区里，六朝时代的建筑已经没有了，这关系到南京这座城市的特殊的定位。在中国古代的政治逻辑当中，经常出现南北对峙的局面。南京龙盘虎踞、山环水抱，是中国南方最靠近北方的适合建都的地方。或者换一种说法，南京是北方的南方，是南方的北方，它的定位是非常重要的。

中国古代的都城最早在西安，在洛阳，南京又经常出皇帝，就六朝来说，李白的诗里面就说"四十余帝三百秋"，在古代的政治逻辑下，南北对抗的结果让南京经常遭遇毁城的命运，最让人痛心。虽然南京叫六朝古都，但是今天的南京城里寻觅不到六朝的东西，只有南京郊外那些孤独的石辟邪昂首向天，诉说着过去的辉煌。

| 南京郊外的石辟邪
图片来源：作者提供

南京栖霞寺，为南朝齐隐士明僧绍舍宅而建

图片来源：星球研究所

在这种情况之下，历代文人一直在感慨南京被毁掉了。我们熟读杜牧的《江南春》，"千里莺啼绿映红，水村山郭酒旗风。南朝四百八十寺，多少楼台烟雨中。"其实这是一首怀古诗。南京这样的城市命运，本身就给人一种历史的思考，文化的感慨，地理的兴衰成败的领悟。当然对于城市来说，最好还是有些可看的、可感的、可触的东西。我想这就是我们现在的城市设计会做一些六朝元素、六朝符号的初衷，试图形成一种文化氛围，为城市的建筑、道路、景点注入灵魂。

走在六朝古都，随处能够感受到一种六朝风雅，这才是南京这座古都不同于杭州，不同于西安，不同于北京，不同于洛阳的地方。

文化氛围如何打造？比方说地名。南京很多的地方都有六朝的记忆，这些相关的老地名，我们要保护，要宣传。在起名字的时候，应该带一些城市的性格，城市的味道，城市的记忆。老地名如"南京十佳老地名"之乌衣巷、龙蟠里、虎踞关、桃叶渡、莫愁路，新地名如幕府山之晋元路、茂弘亭、怀德亭，宝华镇之琅琊大道、江乘大道等。

我想我们可以做的是在这些与六朝历史相关的地方，把这种记忆强化。大家到龙蟠里、虎踞关，到乌衣巷，再到桃叶渡、莫愁湖，你要跟人家讲六朝故事。这些故事真的太美了。老地名要保护，甚至必要的地方可以竖牌立碑，作为点缀。

那么新地名呢？随着城市建设或者旧的道路拆迁合并调整，我们需要激活老地名。像百猫坊、彩霞街这些地名，可以重新启用。新地名的命名要考虑到历史的发掘，强化文化的记忆。

比方说 2021 年 4 月或 5 月，南京幕府山风景区让我去给他们新建的道路、亭子做起名咨询。当时站在幕府山上，看着山下的五马渡，看着浩渺的长江，我的思绪就不由自主地回到了公元 307 年，那一年真是关乎华夏民族命运的一年。北方已经是烽火狼烟，王导辅佐着晋朝的琅琊王司马睿渡江来到了南京，而渡江的地方就在五马渡，他们过江以后才开启了东晋王朝 100 余年的历史，南京成了华夏文化薪火相传的避难所。这样的功绩难道不值得我们纪念吗？所以我当时把山上的道路就命名为晋元路。晋朝的晋，元帝的元。晋是往上走的意思，元就是开始。

再比如雨花台区那边要建一个郊野公园，郊野公园要有灵魂，灵魂是什么？新亭。了解民族史的，文化史的，文学史的，无人不知新亭。每当春花烂漫的季节，从北方迁过来的这些世家大族就喜欢到新亭那里，坐在草地上面，看着边上的花花草草，然后在喝酒聊天的时候，看到北方的故国河山，一下子就想老家什么时候才能回。这里成了激发民族意志、恢复故国河山的一个最好地方。

南京这些年文旅发展得不错。比方说这些年我花了不少精力和心血的金陵小城，从根本上来说，它是一个现代新造的文旅小镇，这样的文旅小镇在中国建了很多，有

南京幕府山

图片来源：南京栖霞旅游

明·文伯仁《金陵十八景图》中的"新亭"

图片来源：胡阿祥等主编的《南京古旧地图集》

的很失败。而这个金陵小城，最早设计单位灵山文旅是延续他们的一个成功项目——拈花湾，但是我作为这个项目的文化顾问，我说不可以，拈花湾很成功，但是拈花湾原来是一块空地，等于是在一张白纸上面画画，创作约束比较小。而南京金陵小城这块地方，背后的山是牛首山，山上供奉着佛祖释迦牟尼的顶骨舍利，这不是一块没文化的地方，设计单位说我们做佛教，我说做六朝。南京是六朝古都，但是由于历史的原因，除了看六朝博物馆以外，六朝古都里面看不到六朝的建筑。我觉得六朝博物馆和金陵小城可以相互映衬，到六朝博物馆，看六朝文化，寻六朝历史，到金陵小城，过六朝日子，品六朝味道，而且和后面的牛首山呼应，上山修心，下山养性。这个项目投资很大，从后来的运作来看，按照这个方向走，确实很成功。

六朝的精神核心是风雅。怎么风雅？金陵小城真的做得很好，比如夜晚灯光设计。原先设计方提出了三个设计方案，三种颜色，红色为主的，黄色为主的，还有一个蓝色为主的，我一下子就看上了蓝色的，当时脑海中想象着我在尼泊尔看见

金陵小城

图片来源：金陵小城

的这种颜色，我相信这种颜色一定会出彩。后来金陵小城的出彩果然跟夜晚灯光有关，孔雀蓝真的蛮抢眼的。从高速上面开车过来，远远看去，这一片怎么这么漂亮，很多人本来没有计划要去玩的，甚至不知道有这么个地方，结果顺着高速就下去了，就被那片孔雀蓝吸引过去了。

金陵小城现在还只是开了一个样板区，燕集里。这是一个非常具有典型代表意义、彰显六朝古都南京风雅、充满文化味道的项目。燕集里的寓意就是六朝文人相聚，曲水流觞，赋诗作画。

桃蹊，是燕集里的入口引导区，来自陶渊明的《桃花源记》，我们在里面做的 LOGO，就像拈花湾里的小沙弥，做的是六朝的微笑。六朝的微笑怎么反映？灵山文旅的吴国平老

六朝博物馆陶俑

图片来源：六朝博物馆

总、设计团队从六朝博物馆的女俑形象上面，获得了灵感，把它抽象化，更萌一点，形成一个六朝的微笑。六朝的微笑是一种放松的微笑，是一种期待生活平和的微笑。因为六朝是个乱世，现在人们到这样的文旅景区是放松心情的。这样的文旅景区，算不算为南京这座六朝古都赋彩，注入了灵魂呢？

国人都说我们一直重视历史文化，其实不是这样的，在传统帝制时代，帝王胜过一切，历史文化有分量吗？从某种意义上说，历史没有善待南京，南京不断被毁。今天的南京还能留下来一点东西真的不容易，先人的遗产，我们不能够把它丢掉。改革开放以来，我们一直也是在摸索的过程中，从古城老城改造保护，到另建新城、保护古城老城，都在一个变化的过程中。

民国时，南京有三样东西号称"三绝"。一个是绿化，结果我们后来因为种种原因砍了很多的树；第二是城墙，不像某些地方全拆光了；第三就是明清的老民居，以至于发生过"老南京保卫战"这么一种说法。在这样的历史过程中，六朝时代应该是最悲惨的。而随着南京城市的发展，许多深埋在地下的六朝遗址被发现。2008年，考古工作者对圣和药业地块进行发掘时发现了夯土墙，经考证为1700年前六朝建康宫城的建筑遗址，正是这处千年遗址的出土，才有了今天的六朝博物馆。

南京的六朝博物馆是贝聿铭先生提出设计理念，由他的

六朝博物馆

次子，美国贝氏建筑事务所的总裁贝建中先生团队具体设计的，所以它成了南京的第一个也是目前唯一的一个贝氏建筑。六朝博物馆蛮吸引人的，这就是一个亮点。

贝氏建筑设计特别善于利用自然光，比如说香港中银大厦，法国卢浮宫金字塔，用玻璃幕墙，苏州博物馆也是光线应用得很好。六朝博物馆一进去就是一个"光厅"，上面的天空、阳光代表着未来，大厅的地面是现在，地面下面是六朝建康城的城墙遗址，这就是过去、现在、未来的对话。

贝氏建筑把西方的一些设计理念，一些线条，一些色块，和中国的审美结合在一起，所以六朝博物馆"光厅"地面上的78个玻璃窗，被称为满地星，因为你从负一楼看上去那就是星星。还有月亮窗，那也是苏式建筑符号。这是一个保护历史文化非常成功的案例。

到六朝博物馆，看什么？第一看建筑，第二看文物，第三看文化。六朝博物馆的基本展陈，比方说二楼的"六朝风采"，获得2015年全国博物馆十大展陈精品。六朝博物馆是个年轻的博物馆，我们年轻的团队脑子很灵光的，跟各方面的结合很好，比方说六朝博物馆将社会教育与中小学教育结合，开展了丰富多彩的各种创意性活动。甚至六朝博物馆的

六朝博物馆大厅
图片来源：南京文旅

"六朝青"志愿服务社，2023 年获评"江苏省著名品牌"。看建筑、看文物、看文化，这样的六朝博物馆，通过集中展示六朝文物、高度还原六朝时代的这么一个建筑空间，彰显着南京的六朝古都气质。

所以六朝古都和六朝博物馆，就像闪耀在南京天空上的北斗七星一样，让南京人，让对六朝感兴趣的外地人，让对六朝崇拜致敬的人，可以走进六朝，感触六朝，抚摸六朝，融入六朝。所以我觉得，六朝博物馆不仅是一个建筑，也是一个文物，更是一个文化样板。

一个地方跟另外一个地方不一样的东西，是历史文化的东西。历史是一种记忆，从这个角度来说，六朝古都、十朝都会，它既是一个古都，也是一座新城，在新城中间留了很多古都的东西，比方说南京这些历史的东西仍在发挥着作用。

我经常说精神的南京属于六朝，那是一种洒脱；文学的南京属于唐朝，那是一种深刻；文艺的南京属于南唐，那是一种雅致。再往下，物质的南京属于明朝，那是一种天人合一。作为城市、作为规划的明朝南京是特别值得我们重视的。明朝的南京，与北方都城方方正正的格局不同，它的京城和外郭城是曲折的。京城和外郭城把南京周围的自然山川连为一片，西边

南京明孝陵

图片来源：星球研究所

靠长江天险，北面是玄武湖，东北面是钟山，南面是雨花台。到今天，南京都是一座倾斜的城市。为什么会这样呢？我的理解，南京是一座随顺自然的都城。

南京都城联系着中国历史上两个最"神"的人。一个是诸葛亮，"龙盘虎踞"的说法相传就来自诸葛亮，所以我说他是南京的"地理之神"。虽然我考证诸葛亮没来过南京，但不代表南京人不接受他。另一个是南京的"规划之神"刘伯温。刘伯温上通天文，下通地理，他规划的南京城就是一个中国特殊的都城，这样物质的南京，到今天还留下了明孝陵，留下了明城墙，如果把这些东西都拿掉，南京的古都味道好像就少了很多。教训的南京属于太平天国，那是一种鉴戒警励；建筑的南京属于民国，那是一种中西合璧。今天的南京，则是一座山水城林、天造一半人造一半、自然和人文交融、悠闲风雅、诗意栖居、充满创新思维的南京。我想这就是南京的历史文化，这样的历史文化和现实、经济、未来是不可分的。不要把历史文化当作一个包袱，它是资源，建筑是冷冰冰的东西，唯有这些历史的、文化的、人物的、故事的东西进去以后，它才是有温度的建筑，它才是有感觉的街区。

在这方面，我可以就南京的历史文化传承保护举一个案例。2014 年的 5 月，我开始担任六朝博物馆的馆长。我经常坐地铁从大行宫站 5 号口出来，然后走个几百米，顺着长江路走到六朝博物馆。在走路的过程中间，我对长江路就有了一种新的感悟。

长江路原来的说法叫"一条长江路，半部民国史"，又有说"一条长江路，600 年的历史"。600 年，我们可以追溯到明朝初年的汉王府，但我要把六朝博物馆凸显出来。600 年历

南京长江路

图片来源：南京吃喝玩乐

史、民国史跟六朝没有关系。后来我就琢磨，拿高德地图量了一下，长江路到底有多长，量下来有意思了，东边是龙蟠中路，西边是中山路，还有一段叫汉府街，其实也是长江路的自然延伸。这样量下来，长江路1800米，而六朝到今天多少年？1800年。我5月担任馆长，到了8月，《南京晨报》的记者邹尚采访我，我就把这个意思说了。我说南京长江路很有意思，行走大概1800米，我们可以穿越1800年。

等到2015年5月，时任南京市委书记黄莉新到六朝博物馆考察，我陪黄书记一路看一路聊，我说，原来长江路的说法是600年，六朝博物馆建设以后，六朝博物馆也是一个遗址类的博物馆，长江路的定位应该改一改了，我提出个理念，"行走长江路，1800米，1800年"。大概因为这样的说法通俗易懂，而且很形象，黄书记一听，说这有点意思，然后还跟和她一块来考察的各个部门说，可以落实胡馆长的这种看法，后来就是南京市规划局、玄武区等做了很多具体的事情，应该说很成功。

长江路是南京夜旅游、夜经济的首批试点单位，定位非常明确，历史文化搭台，旅游经济唱戏。与之平行的是珠江路，珠江路的口号是"北有中关村，南有珠江路"，那是IT行业电子产品一条街，代表着南京是一个科创之城，而长江路历史文化大街代表着南京是一个六朝古都，十朝都会，所以这样的长江路，可以说是人无我有，人有我好，人好我独特，人独特我唯一的一个文化空间。

"1800米，1800年"的概念提出来以后，作为文化宣传，作为城市定位，配合"1800米、1800年"的一个口号就是"一路经典"。长江路东边的毗卢寺是宗教文化，梅园新村是革命精神，然后钟岚里是民国老街区，再往前就是六朝博物馆，那是历史的辉煌。六朝博物馆的对面是新的江苏美术馆，往前面一点是中央饭店（民国老建筑），南京图书馆的新馆，一路往前是江宁织造博物馆，国民大会堂，国民大会堂边上还有江苏省美术馆老馆，民国时候的国立美术陈列馆，那又是民国老建筑。总统府再往前面，还有现在的1912街区。这样的长江路，真的就是一条1800年历史的长江路。

中国的历史文化街区很多，你怎么抽出它的灵魂、抓住它的特点？比如长江路，表达"每走一米就是一年"的感觉，这是全国唯一的。当然这不是走在路面上的感觉，而是推开一扇又一扇的大门，体会过去和现在。长江路的过去很辉煌，长江路的现在，文化旅游做得也很好，那么长江路的未来呢？在这个过程中间，我跟相关部门提出了一个规划理念，叫"古都中央休憩区"。从明朝以来，总统府、大行宫这一块，就是古都的中心。"中央"地区，是皇帝驻跸的地方，新街口这一段实际上是后来民国时候才成为中心地的。什么叫休憩区？跟新街口区分开，新街口是个商贸地区，长江路这一块可以当作购物辛苦了以后，到这个地方来休憩一下、感受历史文化的地方。这是我提出的"古都中央休憩区"的概念。

江宁织造博物馆

图片来源：南京吃喝玩乐

　　那么到底怎么做呢？我提出来以长白街、东箭道为界，东西两段应该有所区分。西段是文艺的氛围，现在已经有很好的基础。年轻人喜欢六朝博物馆、总统府、1912街区，这一直是热门的景点。又比如说南京图书馆、老美术馆、新美术馆等，这是文艺的西段。长白街往东那边的东段，打造特色酒店，因为依托老建筑打造特色酒店，现在是很时髦的一个东西，而且这是对老建筑、旧建筑的一个最好保护。然后区别于新街口这个商圈，打通隧道路面，把地面留出来，设置长江路步行街，当然不能从中山路那边一直过来，那太大了。从哪里？应该从江宁织造博物馆那边开始，然后到钟岚里，再到毗卢寺绕一圈过来，把这个区域做成一个步行街。

我们想象一下，长江路如果这样做了，是不是给了南京一个特别的感觉，十朝都会的历史文化街区，跟后来民国时代形成的新规划中心——新街口相得益彰，彼此呼应，新街口商业氛围，这个地方文艺范儿。这是我作为一个关注历史文化的书生，给相关部门提出的建议，上面还没有给出最后的答案，但是我相信一些合理的建议，应该会得到政府的重视。

在南京这样的地方，在江苏这么重视历史文化的地方，我想我们的政府对这一块是舍得花钱去做的，这是对历史的敬畏，也是习近平总书记一直强调的，要对历史、对文化、对文物、对建筑保持一种敬畏之心。

胡阿祥　南京大学历史学院教授、博士生导师，六朝博物馆馆长，江苏省文史研究馆馆员

延续城市记忆，再现
历史建筑的活态光芒

——

陈卫新

延续城市记忆，再现历史建筑的活态光芒

陈卫新

对于建筑遗产的修复不仅是单一的建筑之美的呈现，还应当是市民生活的集体记忆的呈现。外地的游客来到南京，可以在空间里既享受到建筑之美，也能感受到南京的人文之美，感受到南京社会文化生活发展的历程。

很多人知道我可能是因为我做了一些书店，从最早的先锋书店到上海的大众书局，到可一书店，到凤凰云书坊等。

说到文物保护建筑、历史建筑相关的项目，我们在近 8 年时间一直在做的一个项目，刚刚告一段落，是南京师范大学的随园校区。从最早的文学院大楼，到音乐厅小礼堂，到华夏图书馆，再到大草坪核心建筑 100 号楼。在南京师范大学校园里面的这一段经历，让我们越来越认识到历史建筑、文物建筑对于城市的作用，对于现有的历史文化资源保护的方法的总结。因为 8 年的时间是一个比较长的跨度，在这个过程当中，我们自己对于建筑保护活化利用的认知也在改变，这都是有时间属性的一种认知。在时间发展的过程中，我们对于保护的方式方法以及它呈现的形式其实都有新的考虑。所以在不同阶段我们做的几栋的室内呈现，包括环境艺术的呈现，有不同时段的思考，但是大的原则首先符合文物保护的基本原则。在活化利用方面，比如说华夏图书馆，它是南京师范大学非常重要的标志性建筑。老图书馆最大的价值是中国沿用至今的、有近百年历史的图书馆。因为它一直在使用，而这种使用恰恰是建筑功能化的重要呈现。因为它当初的设计就是图书馆，从这个角度来说，它是"延续至今"的一种表达，因此我们在修缮的时候，比如图书馆原先的传送书籍的货梯，虽然现在不能用了，但是我们要把它的功能性，通过展陈的方法体现出来。我们在活化利用建筑的同时，建筑本体的细节都是展示内容，这一点以往我们可能没有意识到这个问题，或者说因为功能性的需求，把它的展示性淹没了，因为我们过多地考虑了它在实际使用当中的功能价值，实际上它的展示价值是非常重要的。我们希望同学们在进来看书、阅览的同时，可以感知到这是学校的文脉之所在，是一种读书、学习精神的传递。另外，我们现在的学生对空间参与的方式、方法也有所改变，比如说，原先只是单纯地查书阅读，那么现在还有传播的作用。怎么样让同学进来以后有传播空间信息的愿望？我们在里面做了很多的陈设，包括吴贻芳校长办公室的复原、图书馆资料的

先锋书店，被英国广播公司 BBC 评为"全球十大最美书店"之一

图片来源：走近网红地

1921 年，墨菲和丹纳事务所绘制的金陵女子大学鸟瞰图

图片来源：南京师范大学

1933 年，金陵女子
大学合唱团成员在
100 号楼合影

图片来源：作者提供

1933 年底，施工中
的华夏图书馆

图片来源：作者提供

1934 年，新落成的
音乐厅小礼堂

图片来源：作者提供

现今南京师范大学
随园校区 100 号楼

图片来源：南京师范
大学

展存，最能让同学接受的咖啡吧、书吧的设计。通过人的参与，让历史建筑焕发它的活力。历史建筑不是静态的，因为有人的参与，它变得更加符合时代的需要，看到历史建筑的传递价值。

最近做的大华大戏院的项目属于空间展陈活化利用，或者说是利用中的空间再保护，在我介入的阶段，我考虑更多的是它核心区的完整呈现。它的核心区就是进门的大厅，因为杨廷宝先生当年设计的时候，这12根柱子是非常重要的，12根柱子围合的空间感受，也是整个大戏院的核心审美价值。我很小的时候进去看过戏，所以我对那个空间是有一个童年的记忆的，这种童年记忆就会激发起自己对于这种空间认知的基本立场。我认为大厅必须要保证它的原始感受，而不是过多地有经营性的参与。比如说原先大厅里有一个水吧，就在楼梯旁边，占据了很大的空间，一进门就能看到。在这个空间里，我觉得应该保证这12根柱子很正式的围合感，它虽然是一个用柱子来虚拟性地围成的空间，但是我觉得这个空间它是具备当时杨先生设计门厅时的初心，包括上面藻井的造型、楼梯中轴线的对称格局。我当时跟运营单位说，一定要把水吧移掉，现在重新考虑过后，把它分布在了右手边，跟原先的差异很大，基本上把经营性的内容收纳在里面，只是一个门脸的显露，让客人可以感知到这里是有服务支撑的，但是它的功能性不能影响整个空间的门厅的气质。第二个就是在我们的左手边，原来是一个玻璃体的面包房，对于门厅的空间有干预，所以我们进行处理之后把它做成了展廊，是一个展示空间，把南京电影院的发展史、曙光电影院、胜利电影院、延安电影院等老电影院，在这儿集中呈现。在新街口地区有这样老建筑的空间不多了，周边就没几栋这样的老房子了，因此，现在这种房子的价值就更加显著，同时需要让它融入城市记忆的展现当中来。它不仅仅是单一的大华大戏院的建筑之美的呈现，还是市民生活的集体记忆的呈现，这样可以让外地的游客到达南京，在空间里既能享受到建筑之美，也能感受到南京的人文之美，感受到南京社会文化生活发展的历程。

就我的理解，江苏的历史文化保护可以分为几个阶段，最早的时候，我们对文物保护建筑是静态化保护，原先什么样我们肯定完全尊重过去的形式。随着保护范围的扩大、保护名录的扩大，有些建筑它的原真性没有了，后期出现了很多修缮、修复式的，这是时间历史的局限性，现在已经不再推崇这种方式了。现在更多的专家呼吁的是活化利用，用人物参与的形式改变空间的静态化，变成活化的、有活力的、有成长性的空间，方便所有的市民认同认知体验。从这种角度来说，江苏做了很多非常成功的案例和作品，每次带我们的朋友去参观或者去考察，都能看到江苏各个城市在这方面做的工作，真的是学习了很多，也在参观过程中有很多体会感悟。我想在以后的工作当中，我们会更多把这种思考带入具体的工作当中去，为江苏建筑文化的表现表

大华大戏院（旧称军人电影院、东方红电影院、大华电影院等）

图片来源：作者提供

达研讨出更合适、更适应的方式方法。

历史文化建筑保护的关键，第一是重视，这种重视不仅体现在政府角度的重视，首先体现在它的经营部门、管理部门，一线的管理单位的意识，这种保护意识在江苏地区共识感越来越强，不像有的地方还停留在早期的思考模式上。第二个关键点，我觉得是从设计跟施工单位的角度，怎么样能用最好的方式，最好的切入手段进行修缮、活化利用。第三，体现在广大市民的重视，我觉得是最关键的。以往对于历史建筑，广大市民的关注度其实没那么高，但是近几年，特别是短视频、直播的兴起，带动广大市民对于历史建筑，对于拥有老的城市记忆的建筑，关注度特别高，他们会以它们作为一种背景去呈现自己，这就是个体生命融入城市记忆当中的表现，特别有在地感。我们经常讲我们在哪一座城市，只要到标志性的建筑就知道了，所以也反向证明了这些历史记忆、历史建筑对于一个城市的重要性。我想这种方式方法也唤起了我们城市居民对于每个所属城市的热爱，这种热爱将支撑建筑文化延续。

设计师在项目中发挥的作用，我觉得首先还是要了解房子最大的价值是什么。我讲个简单的例子，正在参与的一个园区是南京电影机械厂，这个园区比较大，但是投入资金很少，那么怎么来做它？于是我们就选择了园区里最差环境的角落。园区进去以后先做调研，我们要敏锐地抓住园区的迫切（需要改造）的点，也需要找到项目最大的发展空间的点。比如说南京师范大学校园，我认为华夏图书馆是最重要的，它的重要性甚至超过了100号楼，因为它是延续至今的一个图书馆，而图书馆的价值对学校毫无疑问是最重要的。那么南京电影机械厂项目，它资金投入量不够，我选择了它最差的垃圾房进行改造。我把垃圾房区域改造成了一个美术馆，附带一个艺术餐厅，那么它一下子就显现出来了。把最低的点变成园区最好的点，园区的品质整体就提升了。我们要用一些适应当下的思考去做设计，设计它是一个技术支撑，但是在技术之先，我们还是要考量它的定位跟策划，这一点我觉得是历史街区和历史建筑的活化利用要呈现出活态光芒的一个起始点。要进行项目分析，它适合用什么样的方式、什么样的手段、什么样的切入点，就相当于是"把脉"，然后才能"下药"。直接"开药单"，对它的辩诊过程就少了一点。

陈卫新　江苏省建筑与历史文化研究会理事，南京艺术学院客座教授，南京筑内空间设计顾问有限公司总设计师，南京观筑历史建筑文化研究院院长

一方水土一方人：从
建筑师到地方文脉

汪晓茜

一方水土一方人：从建筑师到地方文脉

汪晓茜

"以学术服务社会，以知识引导审美。"这是我的导师刘先觉先生对于学者参与科普所持的积极态度，这也是我感同身受并一贯秉持的态度。

我一直认为，人物是认知和研究中国近现代建筑的一个非常重要的切入角度和线索：因为建筑师一头连着物质化的作品，另一头连着丰富的时代和社会生活。建筑的"道"和"器"两个性质就通过建筑师串联起来，观察建筑师就能很好体察建筑的时代性和文化性。群体研究其实就是一种谱系研究的方法，有从地域的角度，比如籍贯入手，或者长期执业的地方，这是从地域的角度；也可以从教育背景的角度，比如说留学建筑师，中央大学建筑工程系毕业的这一批建筑师；还可以从职业类型，有的长期从事住宅，有的建筑师做城市规划，从这些角度，就会产生多种可能性，建筑师群体研究既投射宏观，也能看到微观。

第一代中国建筑师奠定了中国现代建筑事业的基础，包括建筑教育、学术研究、建筑实践等。留下的众多优秀作品，至今仍深刻影响着中国城乡的面貌，并已成为引以为骄傲的文化遗产，这一方面说的是他们的作品，物的部分，对中国社会的影响；另一方面，他们也是那个时代的知识精英，或多或少心怀理想，试图以专业技能介入社会改良，因此，其活动及影响力不仅限于专业领域，一定程度上亦从物质空间塑造上折射出特定阶段国家、政治以及社会情感的状态及需求。而在近代科学观念和中国传统思想、制度间的碰撞、交融、妥协下，建筑师如何将主观能动性和被动适应性结合起来应对时代条件和要求，充分反映出这批建筑师的智慧，细心观察这个过程，亦可对同样面临转型的当代人和当代社会有所启迪。所以我想我做人物的研究，不仅是想看到物，也想看到建筑师的智慧背后所投射出来的时代特征。

我个人最欣赏和敬仰的中国建筑师是杨廷宝先生。我认为他是 20 世纪中国职业建筑师第一人，当之无愧的楷模。他的作品总是那么优雅而平易，他的学识始终是朴实无华而非高不可攀的，他的实践始终是结合现实而非空谈夸耀的。精神层面看，他是具有强烈社会责任感的建筑师，始终关心着建筑师为人类提供的生活和生存环境是否合理、合法、合用，这是留给后辈职业建筑师最宝贵的精神遗产。从专业角度看，他拥有高超的职业素养，可以在时代建筑形式的转换和变迁

杨廷宝（1901—1982 年）
中国科学院学部委员（院士）
20 世纪中国建筑巨匠

图片来源：作者提供

中努力去适应、去创造和创新。还有一点我特别欣赏，就是他一生身姿挺拔，衣冠整洁，风度极佳，也是我心中最帅的建筑师形象。

杨廷宝先生是中国第一代建筑师中作品数量最多的，粗略统计超过 120 件作品，除了沈阳的少帅府、东北大学、清华大学图书馆扩建、四川大学等，更在南京主持、参与或指导了 68 项工程，超过其一生作品的一半多。1949 年前的不少作品分布在南京城的主轴线干道：中山大道一线——如下关火车站、大华大戏院、中央医院、国民党中央监察委员会办公楼和国民党中央党史史料陈列馆、谭延闿墓、紫金山天文台、中山陵音乐台、中央体育场等，因此民间更将中央大道称为"杨廷宝一条街"。1949 年后他指导过的长江大桥桥头堡、大校场机场航站楼、雨花台烈士陵园等都是对于城市影响巨大的标志性建筑。因此，有一句话叫"杨廷宝塑造了半个南京城"，绝非夸大。可以肯定，他是对近现代南京城市建

大华大戏院

图片来源：作者提供

原南京中央医院

图片来源：冯方宇拍摄

原国民党中央党史陈列馆

图片来源：作者提供

下关火车站

图片来源：作者提供

紫金山天文台

图片来源：江苏微旅游

中山陵音乐台

图片来源：方志江苏

雨花台烈士纪念馆

设影响最大的建筑师。

　　江苏是近现代中国经济、社会和文化发展最迅速、水平最高的地区之一，也是中西文化交流、碰撞和冲突最为激烈地区之一，涌现出众多成就高又极具地方特色的文化现象和文化名家，其中近代江苏籍建筑师是颇值得关注的群体。据初步统计，"中国近代重要建筑师名录"（赖德霖，2006）所收录的250多人中，属于今日行政区范围内的江苏籍建筑师有59人之多，占据全国总量的近四分之一。

　　这批江苏先贤建筑师，接受了近代科学技术文化的传播和影响，对中国近现代建筑发展贡献巨大，并创造了不少"第一"和"之最"：如中国最早的现代建筑教育创办者（朱士圭、柳士英）、中国建筑工程教育第一人（华南圭）、民国时期影响最大的华人建筑事务所之一"上海华盖建筑师事务所"的创始人（赵深）、第一位荣获法国国授建筑师称号的中国人（虞炳烈）、第一位在法国留下建筑作品的中国人（华揽洪）、第一位设计现代戏院的中国建筑师（赵深）等。他们为中国近现代建筑面貌和性格的塑造，以及传统和地方建筑文化的传承做出了

柳士英　　　　　　华南圭　　　　　　虞炳烈　　　　　　赵深

华揽洪　　　　　　杨锡镠　　　　　　江应麟　　　　　　孙支厦

近代部分优秀的江苏籍建筑师

图片来源：作者提供

巨大贡献，是那个时代的"大匠"。因此我们需要进一步整理
和挖掘并彰显江苏近代建筑师群体在中国近现代建设发展中的
贡献；并且通过这些江苏大匠来深入挖掘江苏地域文化的基因
特色。

汪晓茜　博士，东南大学建筑学院副教授，硕士生导师

我所经历的老门东与小西湖城市更新

黄洁

我所经历的老门东与小西湖城市更新

黄 洁

历史文化保护项目成功的关键在于，通过合理地保护、精准地把握、恰当的修缮方式，还原出历史文化的真实面貌，展现出历史价值，而最重要的是赋予历史文化新的内涵，来服务于我们全社会。

南京的历史文化保护工作，在围绕着"寻根铸魂、保护传承"的同时，秉持"改善民生、提升生活品质"的理念，不断进行摸索和创新。

在我看来，南京历史文化保护工作大致经历了三个阶段：

第一阶段是 20 世纪八九十年代，改革开放以后，对于历史文化保护有了一定认识，启动了一些点状的文物保护修缮，当时注重的是传统建筑单体符号的修复；

第二阶段是在 2000 年以后，此时正是现代化城市建设飞速发展的阶段，既要快速发展城市经济，又要注重保护传统风貌及遗留下来的城市格局和肌理，这之间产生了一些矛盾与冲突；

第三阶段是党的十八大以来，国家倡导保护历史、传承文脉、保留记忆、留住风貌特色，因此南京对于老旧片区更新的实施办法也应运而生——"留改拆"。留，是留住一些具有传统历史价值的、需要保护的对象，比如文物建筑、历史建筑、历史符号，包括街巷肌理、古树、名木、古井等；改，是针对后来建设的、不能完全满足现代生活使用功能的建筑，按照原有建筑肌理进行加固、修复及功能提升，让老旧房屋的生活功能有了新的完善，提升了百姓的生活品质；拆，是拆除一些违章搭建、危房险房等与风貌不协调的建筑。

现在的城市更新，摒弃了大拆大建，从早期的政府主导，逐渐转变为一种"小规模、渐进式、留着住、管得活"，社会多元主体共同参与的城市微更新。事实证明，老城的城市更新，更有利于历史文化遗产的保护和城市特色风貌的塑造。

南京历史城区保护建设集团成立于 2014 年，是以历史文化保护、研究、建设、发展、利用为主业的从事多元化行业的综合性公司，业务涵盖危旧房改造、房屋征收、城市基础设施改造、文物保护修缮、城市更新项目建设等。在我的工作经历当中，印象比较深刻的、全过程参与的老城保护更新项目主要有老门东和小西湖。老门东是历史文化街区的保护和复兴项目，而小西湖则是城市微更新的保护与再生项目，

老门东历史文化街区

图片来源：作者提供

老门东历史文化街区

图片来源：秦淮发布、南京老门东

这两个项目分别处于不同的历史阶段。

老门东现在已经成为南京的文化地标，不同年龄、不同地域的游客都向往去老门东转一转。老门东项目在 2007 年启动了整体搬迁工作，2010 年通过了上位规划设计并启动建设，2013 年 9 月 29 日开街，到今年已经是十一个年头了。

老门东的保护与城市设计体现了历史文化保护的多元化要素与现代城市生活相结合的理念。当时的规划中归纳了"五图一表"，对历史文化要素进行了详细的调查研究，即对建筑年代、建筑品质、历史建筑、古树、古井等历史要素进行充分的挖掘和研究。2010 年市委、市政府提出了"整体保护、有机更新、政府主导、慎用市场"十六字的保护方针，整体保护、分类分片实施，做到应保尽保。三条营以南的历史文化街区里修缮保留了一批历史建筑。

老门东的保护修复过程中，我们恢复了街巷肌理，保留了明清建筑的传统风貌。后期根据周边以及夫子庙业态的差异化，进行了业态布局和招商。今天的老门东已打造成为四季有花、步步有景、大众喜爱、充满历史文化气息的历史文化街

小西湖历史文化街区

图片来源：南京小资生活

区。老门东的遗憾在于原居民都迁走了，但作为商业文化街区，老门东也是成功的，事实说明老百姓非常喜爱这样充满历史文化气息的休闲体验场所。

如果说夫子庙是 1.0 版的城市更新，那老门东是 2.0 版，小西湖则是 3.0 版。小西湖的城市更新是小规模、渐进的、自愿的，采用了"留改拆"相结合的城市更新，是摸着石头过河的更新实践。它充分尊重民意，老百姓的去和留都由自己决定，小西湖片区原有 810 户居民现在留下了近 360 户。项目通过不断探索，形成了自上而下的上位规划与自下而上的设计

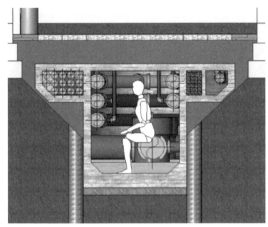
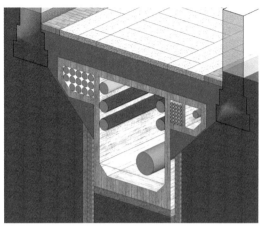

小西湖历史文化街区管廊示意图

图片来源：作者提供

许庆家祖屋新旧对比

图片来源：作者提供

相结合的模式，根据居民的产权单元及规划单元形成了两级管控体系，分别为 15 个规划管控单元和 127 个微更新实施单元。在两级规划管控的前提下，居住在片区的老百姓，不论何时提出更新需求，我们都可以根据规划单元图则来执行，成熟一片，改造一片。我们把小西湖街区内的 7 条历史街巷全部保留了下来，并进行了市政基础设施的升级，建造了"微型综合管廊"。其施工工艺还获得了国家专利，居民出门再也不担心积水、淹水，我们在每一个院落处都预留了管廊接口，方便居民改造时接入管廊，彻底实现了最末端的雨污分流。

从小西湖更新中我们看到基础设施先行，是城市更新当中非常重要的一个先决条件。基础设施提升，改善居民的生活品质，进而获得了居民的理解和认可，由此再进行街区建筑微更新，老百姓就有了充分的理解，就会积极支持并参与到城市更新中。

目前，片区有近二十多户居民进行了自主更新。政府通过五方平台共同协商帮助居民完成自主更新工作。例如：马道街许家已完成了祖屋的更新，目前我们正在帮他办理新的产权证，完成后就是一个完整且成功的自主更新示范案例；堆草巷龙家，也是主动参与了自主更新，改造后还将多余出来的面积返租给集团，我们将其打造成了一个新的业态；马道街居住着一位 96 岁的童奶奶（已逝），她家是一个民国建筑，更新改造后成为一个网红打卡点，我们在改造过程中对房子原有的门窗、楼梯等加以保护，她的女儿们看了都很满意，说在这里能找到儿时的记忆，现在焕发出新的功能，能服务于社会大众，他们一家也很自豪，成为私房返租的成功案例。

共享院落——刘家后院，是一对充满爱心的夫妇居住的祖屋老宅。后院是个 100 平方米左右的花园，园中有棵百年的古石榴树和八十年的老枇杷树，后院围墙正好对着堆草巷，我们跟他协商后，对着堆草巷开了一个院门，把围墙改成镂空花墙，对院子里的地面进行了整理，除两棵古树外，老刘还有很多自己培植的园艺。老两口现在只要在家就开着门，院内有桌椅，所有路过想观赏和交流的人都可以进院和他们聊聊。院里有老刘精心培育的两盆昙花，每当昙花开放的时候，他都会在院门口立一块牌子：今晚昙花开放，通知大家前来观赏。有些人会从很远的地方赶来一睹昙花的开放盛况。老刘夫妇非常开心地说："独乐乐不如众乐乐。"社区内景观花园不多，共享刘家后院成了社区一道靓丽的风景。

小西湖的城市更新是一个以人民为中心、有温度的、以人为本的城市更新，2022 年获得了联合国教科文组织亚太文化遗产保护奖的创新设计项目大奖，同时也成为住房和城乡建设部的城市更新优秀示范案例，在多方共同参与及社区环境营造方面有着突出表现。

现在，小西湖居民的自主更新还在持续。老百姓从不知道什么叫更新，到理解城市更新，再到主动参与更新，最终感受到更新带来的幸福生活，这是一个逐渐认知的过程。韩冬青大师讲过，小西湖的城市更新是一场没有终极的实践。

南京历史城区保护建设集团作为国企平台，进行了基础设施、公共服务配套以及部分建筑保护的更新改造，投入物业管理及新业态的招商运营，使之成为可持续发展的状态。我们是"第一个吃螃蟹的人"，通过融资的方式来实施的，在过程中，得到了市规划和自然资源局、东南大学等大力支持，多方密切协作，才得以落地实施，以点、块带面，逐步形成了现在的小西湖街区。

实施过程中的困难，首为施工的困难，比如说微型管廊的施工，它既要能满足原住民的正常生活，又要确保他们日常出行，我们在施工中精心组织，但还是免不了和居民发生矛盾。当施工完成了，居民们看到了最终成效，肯定了这是利民的好事情，才开始逐渐理解我们，最后才能形成朋友式的相处。我们的董事长范宁，他

刘家后院（共享院）新旧对比

图片来源：作者提供、中国城市规划学会

走在小西湖的街巷里，老百姓都会热情地跟他打招呼，这是用心、用情真正地感动了老百姓，成为小西湖居民的朋友，他是我们的榜样，在他的带动下，我们集团工作人员都成了居民的朋友，遇到需要协调的事情沟通起来比刚开始的时候顺畅得多。

我认为，城市更新要以人为本，保护住历史根脉，留住烟火气，让它焕发出生机和活力。居民现在脸上洋溢着幸福感的笑容，这不就是人民对美好生活向往的最好诠释吗？

通过老门东和小西湖的实践，让我们懂得对待一个历史文化保护项目，首先应对它的历史文化、历史要素进行研判，将保护要素融入上位规划当中，以精准的设计、匠人的标准保护修缮，展现出历史文化的真实面貌及历史价值，并赋予它新的内涵，古为今用，讲好它过去的故事，用好它现在的功能，服务于社会大众，历史文化保护才算成功，我把它称之为全过程的历史文化保护。这对我们当今的技术人员来讲，提出了更高的要求，不是为保而保，从历史研判到正确的保护修缮方案的确定，到今天赋予它怎样的功能，策划出适合的业态，并且能够持续、长效地进行管理和成功地运营，才能真正让历史建筑"活起来"。

近两年，我们集团工作重点仍然是老城里的居住型历史地段的城市更新。继小西湖之后，我们又做了小松涛巷城市更新、荷花塘历史文化街区城市更新，以及今后还要做的钓鱼台

小松涛巷效果图

图片来源：作者提供

| 吴志廉故居

图片来源：作者提供

历史风貌区城市更新。

　　小松涛巷城市更新项目，是我们又一个"留改拆"类型的城市更新项目，它面积不大，占地只有一公顷，是一个有着民国时期建筑要素的地区，涵盖吴志廉故居、东方饭店及其他几组民国小二楼。我们充分保留了它的历史建筑信息，对于不符合肌理的部分进行了重新改造。在五老村街道的大力支持下，充分尊重居民意愿，与居民进行了良好协商并达成自愿更新协议，使项目顺利进行。目前，居民已经全部搬家，建设完成后有的居民会再搬回。建设周期大致两到三年，通过城市更新改造，老百姓的居住条件得到改善，居住环境得到美化。东方饭店、吴志廉故居以及其他的历史建筑，我们将进行保护和修缮，注入新的业态，活化利用，丰富太平南路的多元化发展格局。

　　小松涛巷的更新改造还有一个可圈可点的地方，就是东南大学的鲍莉教授将节能环保的概念，引入城市更新项目当中。她将我们拆下来的旧砖旧瓦、旧的木料只要有用的都进行了登记，在今后的修缮当中继续使用；同时对每天运出去的废砖废瓦以及垃圾，都要记录下来。最终通过计算，得出总共减少了多少碳排放，节约了多少建材。这个项目完成后，对今后

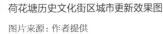

现状放大广场空间节点

荷花塘历史文化街区城市更新效果图

图片来源：作者提供

我所经历的老门东与小西湖城市更新

在城市更新中引入绿色低碳环保的概念，提供了可操作的实践经验。

　　荷花塘的项目刚启动，它跟小西湖和小松涛巷都不一样，它是南京保留的较为完整的居住型历史文化街区。历史文化街区的城市更新，还要赋予历史文化街区的保护要素，比如说它要达到60%，甚至70%的居住功能，而且它又靠近城墙，对建筑有限高的要求。历史文化街区的风貌、居住功能以及明城墙保护的要求，都是上位规划中的硬性条件，所以荷花塘的保护更新有别于其他地段的保护更新，其实更难实施。

　　城市更新推进过程当中也有几方面的难处，一是资金上的困难；二是实施中的困难，从以前的拆迁到现在的城市更新，老百姓的思维方式很难转变，需要耐心地去解释和宣传；三是目前政府出台的更新政策和办法，在执行中还有一些不顺畅的环节。希望政府加强各部门间统筹协调，使城市更新的政策法规能有所突破和创新。南京也确实出台了很多城市更新的管理办法，但是还有一些问题是暂时没有办法解决的。比如土地的流转和确权登记问题，希望能打通国有资产确权登记的路径。

荷花塘历史文化街区城市更新平面图

图片来源：作者提供

图例

■ 省级文物保护单位	■ 历史建筑			□ 古树
■ 市级文物保护单位	— 文物保护单位保护范围			□ 古井
■ 区级文物保护单位	— 历史建筑院落边界			— 规划边界
■ 一般不可移动文物	— 历史街巷			

　　对当前的历史文化保护与城市更新，有几点粗浅的想法。首先，历史文化保护与城市更新要融入创新理念，与现代科学技术相融合，引入智能化、数字化、绿色、低碳、环保等科技成果，在保护和更新中能得到运用，造福百姓。其次，历史文化保护涉及文化、科技、民生、经济建设等各方面，需要动员

社会各界、多元主体共同参与，以期更加完美地塑造城市风采，发挥经济的综合效益。最后，希望历史文化保护相应的法律法规能顺应时代的发展，不断修订和完善，使历史文化保护和城市更新工作顺利推进。

城市更新实际上是很有意思的一件事情，他是一个变量，通过一个时代的更新，我们的城市将展现出一个新的风貌，其中的文物和历史建筑点缀其间，保护修缮、活化利用后焕然成继续为城市和人民服务的美好家园。

黄　洁　南京历史城区保护建设集团党总支委员，副总经理，研究员级高级工程师

历史文化保护『中国经验』的国际化

董卫

历史文化保护"中国经验"的国际化

董　卫

> 南京作为都城在历史上的发展格局，跟今天的南京都市圈的格局是同构的，这就需要我们从城市历史的角度去研究、分析、思考古人是怎么去规划的？一个都城它的生存空间有多大？从而为今天的城市规划提供一个支撑。通过南京名城的规划和研究，就可以理解中国古代都城规划的理论，就有可能发展出中国历史城市的规划理论，这是通过实践不断来发展的过程。

在实践中学习借鉴西方文化遗产保护的理论与方法

20世纪90年代，随着城市化进程的加速，中国开始了一个西方遗产保护理论与方法的学习、引进过程，我很荣幸经历了这个重要的历史性过程。

我们对西方文化遗产保护理论与方法的学习和领悟经历了一个较长的历史过程。1995年我留学回国后便开始与联合国教科文组织长期合作，我认为这是一个非常重要的学习路径。通过教科文组织我们可以很方便地了解世界各国的动态，因此上至一些部委，下至各个城市都很重视这种国际合作。

我有一次参加泉州、西安、北京三个城市相关领导和学者与欧洲挪威、荷兰、法国专家之间关于遗产保护方面的联动式学术研讨会，即对方先来中国考察、研讨，我们再去这些国家就同样议题继续考察和研讨。通过对一系列案例的实地分析加深对西方文化遗产保护理论与方法的理解。

当时建设部的王景慧司长带领中方学者与欧洲专家就许多基本概念展开深入的讨论。我印象中有一个很有意思的小插曲，当双方讨论这个国际研讨会该如何命名，以及会议主题词为何时，中方专家根据当时国内的一般理解，拟以英语"URBAN RENEWAL"作为会议主题词，以便与中文"城市更新"相对应。但欧洲专家认为"URBAN RENEWAL"这个术语用于以遗产保护为主题的研讨会会引起歧义，他们认为应改用"CONSERVATION"这个词。但在那个时候国内学者对"CONSERVATION"和"PRESERVATION"的理解还比较粗浅，有点不明就里。可能这件事使欧洲专家认为有必要对中国学者展开一次培训。

教科文组织历史遗产管理 GIS 手册

图片来源: 东南大学

第二年我们去欧洲开会时，他们专门安排时间，系统性地讲解英文 RENEWAL，CONSERVATION，PRESERVATION 等词汇的语义及其历史背景，以及西方语境下的使用方式。我从那时开始思考中西方词汇中的差异性，理解知道了这种差异性，才能更好地学习外国理论的发生、发展过程，理论本意及其衍生、变化方式等知识要点。只有这样才能与西方学者展开更为实质性的交流合作。

在理论学习的同时，我们也向西方学者学习一些新的技术方法。1996 年，我应邀在曼谷参加了教科文组织举办的用于遗产保护的 GIS 技术培训班，开始接触到 GIS 方法。1997-1998 年，我们通过教科文组织在国内最早引进了这种 GIS 方法，并用于镇江西津渡历史街区保护规划的实践。1999 年，我们将教科文组织的遗产管理 GIS 手册译成中文，由东南大学出版社出版。

那时，东南大学建筑系在教科文组织支持下将其作为教材在国内开展专业培训，在业界产生了持续性的良好影响。之后，GIS 方法就逐渐在全国遗产保护规划管理领域得到了普遍的应用。得益于这种理论学习与中国实践密切结合的方式，我所主持的镇江西津渡历史街区保护规划与实践以及所参与的泉州中山路改造两个项目，在 2000 年双双获得联合国教科文组织亚太地区文化遗产保护奖。这是中国大陆第一批获得该奖的项目，我很荣幸都曾参与其中。

总而言之，中国的遗产保护事业在长期的国际交流合作过程中受益匪浅。从改革开放初期到 2010 年，大量中国学者持续性地关注、引介、学习西方遗产保护理论与方法，同时也在保护实践中反复思考西方理论与方法背后的一些社会经济与文化因素。

1997-2001 年，我应教科文组织邀请分别在泰国、尼泊尔、马来西亚、越南等国连续 5 年参加了亚太地区遗产保护系

镇江西津渡历史街区

图片来源：西津渡文化旅游责任有限公司

泉州中山路

图片来源：泉州文旅

巴黎圣母院

图片来源：中外艺术

列培训与研讨活动，不但学到了很多新的知识，也理解了在亚洲城市实践中对国际上流行的西方遗产保护理论与方法加以适时调整、变通的必要性。即使在欧洲城市中，遗产保护理论与实践也并非如我们当时想象的那么完美匹配。对理论的学习要从理论本身的角度去理解，而不能教条地将其与实践对应起来。

我们在出国考察前听到有的知名专家说，历史建筑中的一草一木、一砖一瓦都有历史信息，要把它们很好地保留下来。但当我们在巴黎考察巴黎圣母院的保护维修工程时，发现工人们正在努力用砂轮打磨掉建筑顶部石材表面上的黑色面层。那是过去 200 多年来城市工业化过程中产生的酸雨对石材长期侵蚀的结果，按理说，这种黑色面层也是历史留下的印记。于是我们就此事请教法国专家，如何理解关于保护历史建筑中的历史信息这种理论。法国专家就说明，理论与实践之间虽有相关性，但这种相关性具有多元或多重的特点，绝非一对一的简单关系，要注意避免固化它们之间的相关性。此次修复是试图降低被酸雨侵蚀的黑色面层所占建筑立面的比例，而非完全消除之。这是一个很好的案例，提醒我们不要僵化地去照搬西方理论，要因地制宜、因事而谋。我们国家理论的创新和发展，实际上也经历了类似的过程。

西方理论与方法的中国化转变

工业革命以后，欧美资本主义国家加速发展，社会经济与科技水平与亚非拉各国开始拉开差距。而到 18-19 世纪，随着殖民主义和帝国主义在世界发展中日益占据统治地位，欧美与其他国家之间在社会经济与科技发展方面的差异不断扩大。这就是西方学者所说的"大分流"(Great Divergence)。

现在，包括中国在内的亚非拉广大发展中国家作为被分流的"后发国家"，正在新的国际社会经济条件下努力追赶和崛起。这就需要不断学习发达国家的一些相关理论、方法与经验，并且在学习中不断探索适合自身发展的路径。因此，国际交流的第二个阶段就是根据发展需要，结合地方条件对西方理论、技术与方法的融会贯通、创新提升。

比较典型的案例就是 GIS 技术的引进和应用普及，这个过程至少经过了 10 年的时间。开始的时候我们邀请教科文组织专家来举办培训班，以镇江西津渡历史街区规划为案例，边学习边实践边研究。2000 年这个项目拿到了联合国教科文组织第一届亚太地区文化遗产保护奖，于是大家都知道了这是一种非常重要、非常好用的方法。通过各类名城、街区规划设计案例，我们不仅逐步掌握了这门技术，也在学习的过程中不断探索新的使用方法。GIS 技术的一个优点，是它能够比较科学地记录分析、归纳整理包括历史信息在内的各种数据，并根据需要形成不同的数据库。

而这种数据库的建立过程就要求规划人员认真考虑数据的意义和价值，因此在收集数据的过程中会增加我们对环境、城市、建筑和人的理解。对我们来说，数据库建设的难点不在于庞杂无比的"海量数据"，而是要建构数据的意义和价值梯度，并据此寻找和选择那些有效数据。当然，这是一个综合性的学习和研究过程，是从技术切入深入理解社区、村落、城市发展变化的过程。在这个过程中，随着对技术的掌握和了解，中国自己的软件也发展起来了。以前大家用的都是外国软件，现在我们越来越多地选择国内软件，这就是技术带来的可能性。

西津渡古街航拍
（1998 年）

图片来源：《西津图谱》

镇江西津渡历史街区

图片来源：西津渡文化旅游
责任有限公司

在理论方面，也需要我们根据中国自己的发展状况探索中国自己的理论。例如，1982年我国创新性地建立了名城制度，40多年来，名城保护的理论、方法与管理机制在实践过程中同步发展，取得了一系列辉煌的成绩。而现在，中国城市的规模、形态与结构都发生了巨大的变化。南京作为第一批国家历史文化名城，开始时其保护范围就是以老城为主，再加上紫金山等周边片区。但是随着城市规模的扩大，名城结构也发生了根本性的变化，现在的南京名城保护工作已经覆盖整个市域六千多平方公里的范围。

我也曾经参与过一轮南京名城的规划工作，那时通过研究和历史资料的整理，认为南京名城应以广义的南京都城作为核心范围。明初南京都城范围相当广阔，呈现出中华古都历史上少有的跨江发展格局。其范围除了人们熟悉的内城外郭，还包括现在的浦口、珠江、六合等镇，甚至关联到凤阳和当涂，这才是南京都城的空间区域。通过南京名城的规划和研究，我也进一步理解了中国古代都城的规划思想，这些古代思想是我们建立中国城市规划理论体系的历史基础。通过南京名城的规划实践，我们在2011年前后开始在中国城市规划学会框架下尝试建立中国城市规划历史与理论研究的学术平台。之所以将城市规划历史与理论研究放在一起，是因为理论研究不从历史的角度切入，根基就不稳。

在参与南京名城规划工作时，我开始了古代城市地图的研究。南京有很多不同历史时期的地图，从这些地图你就可以理解，古人做这些地图的时候，实际上有一个空间的考虑和环境的理解过程。从古代地图里你可以看到古人对环境的重构，以及对城市功能的组织和对文化的表达。所以我们当时提出了地图转译的概念，就是在现代城乡空间结构上重建历史上的空间关系。基于这种思想和方法，我的团队后来又做了杭州、洛阳、西安、宁波、泉州、北京等一系列名城的地图转译研究。通过一个国家自然科学基金的资助，我们进一步发展了地图转译的方法，称之为城市历史空间分析法。

我上课时就和同学们说过，明代南京不仅提出而且践行了成功的跨江发展战略和区域协同战略。明初南京都城内外设置了一系列驻守京畿、拱卫都城的府军卫、亲军卫等驻军单位计40余处，周边则布置了相应卫所城池系统，由中央五军都督府管辖，直接隶属皇帝调遣。例如浦口、珠江镇、马群等都属都城城防系统。其中浦口因其独特的区位优势被朱元璋认为具有"扼抗南北，钳制江淮"之价值，定位为南京的北大门，与南京城同时建造了并置"应天卫"于此，后又增设龙虎卫、武德卫、横海卫、和阳卫、江淮卫以及储备军械粮草的官仓，合称"六卫三仓"。稍晚设置的江浦县（现今珠江镇）县治也设在浦口。这样，就在江北沿江一带形成了有效的都城防御体系。

再外围一点，则包括如太平（今当涂）、和州、滁州、扬州、镇江等府卫一体、直隶京师的军政部门，形成都城周边的拱卫和服务系统。例如太平府辖今马鞍山、芜湖等地，历史上就是南京的粮仓。历史上宋元之际、宋金战事、元明之交，抑或太平军与清军的南京争夺战……凡欲图建康／南京者莫不以先攻太平府和扬州府为上策。

元末几支义军在苏南交锋，朱元璋也是要先在周边击败陈友谅和张士诚，才能顺利站稳南京，否则他就没有粮仓。看今天的南京都市圈规划，我觉得这样的格局还是比较合理的，与千百年以来南京与周边城市形成的历史性关系相吻合。扬州、镇江、马鞍山、芜湖等城市历史上都属于南京都市圈的范围。历史上的区域空间格局如何与今天南京都市圈的发展格局形成同构关系，这是我们从城市规划史的角度需要去做的研究。要思考古人怎么去做规划、一座都城的生存空间有多大等问题，以便对今天的城市规划提供历史性支撑。

这些研究都聚焦于典型的中国问题、中国思想、中国方法，最终要形成中国理论。但研究过程并不排斥借鉴西方理论与方法，只是需要避免纯粹以中国案例来说明西方理论的"正确性"。这种做法时常会在一些研究生论文中见到，显然是缺乏文化自信和理论修养的表现，需要引起我们的警惕。

"中国经验"的国际化

2013 年，习近平总书记在两个重要的国际场合中提出了"一带一路"倡议，现在回过头来看，这为当时已经充满矛盾、举步维艰的全球化发展指明了正确的方向，是中国智慧、中国力量的一次国际化展现。在"一带一路"精神鼓舞下，我和团队其他老师带领同学们从 2015 年开始走出去，在联合国教科文组织的支持下，与东南亚一些国家开展历史城市合作研究。

2016 年，我在参与泰国清迈古城申遗的国际研讨会上受到缅甸文化部的邀请，很快投入到缅甸西部若开邦妙乌古城的申遗研究与规划工作中。在这个过程中，我们团队又去了其他的一些国家，包括南亚的尼泊尔、孟加拉国、印度等国，试图把南亚、东南亚与中国西南整合为一个整体性的研究范围，深度理解在漫长的历史过程中其多样性文化板块之间的变化、互动与重组方式，以及各板块中不同历史城市之间的协同发展方式。

例如，泰国北部的清迈古城曾经是兰纳王国（13-16 世纪）的都城。兰纳王国盛期（15 世纪前后），其地域曾包括今缅甸甚至云南的一部分。在这次清迈申遗的国际研讨会上，我提出应关注清迈古城与它周边的山水格局和城市乡村的关联性，它们共同构成了一个具有区域中心性的历史文化空间集群。

这种概念实际上源自对这几十年中国名城制度发展变化的思考，也结合了千百

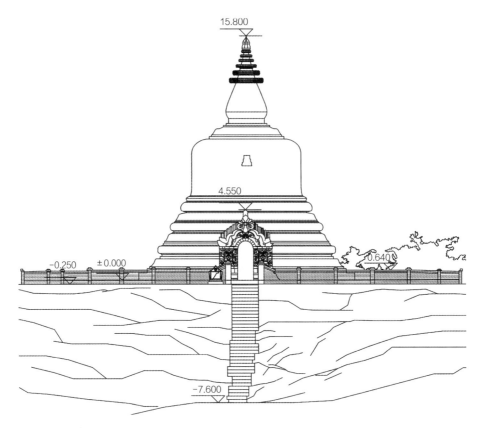

15.800

4.550

-0.250 ± 0.000

0.640

-7.600

缅甸妙乌古城 Myata Zaung 寺院东立面测绘图

图片来源：东南大学妙乌古城项目组

年来缅、泰与中国之间历史文化交融互动的历史。这种想法显然是包括泰国、缅甸的专家学者及教科文组织专家都没有考虑过的，所以也引发了大家的热烈讨论。也许正是因为这次发言，缅甸文化部的官员在会议期间就邀请我们去参加妙乌古城的申遗工作，其实直到那时我连妙乌这个名字都没听说过。我们以最快的时间做好准备，2017 年 1 月就奔赴那里开始调查。

妙乌是 14-18 世纪阿拉干王国的都城，规模很小但历史悠久、文化内涵丰富。妙乌临近孟加拉湾，北部距孟加拉国吉大港不是很远，这里地处南方丝路和海上丝路交汇处，具有重要的历史文化价值。对妙乌的研究不仅为我们打开了理解整个东南亚地区漫长而丰富的历史窗口，更为我们实地考察"一带一路"六大走廊中的"孟中印缅经济走廊"的核心节点提供了机会。

为深入理解妙乌及阿拉干王国的历史，我们专程前往孟加拉国的吉大港考察佛教遗迹。在阿拉干王国鼎盛时期，吉大港曾经是它的一部分，因此也留下了一些佛教遗迹和佛教徒。

因此在吉大港大学里设有巴利语系，不仅教授这门佛教专属的古代语言，也还继续传播佛教哲学与教义。这在一个以印度教为主的国家里并不多见，但如果将其置于南亚－东南亚－中国(东亚)结合部这个特殊的区域及其特殊的历史文化背景下，就比较容易理解了。

我们从这种区域史的角度来观察、思考和研究古代阿拉干王国、蒲甘王朝、孟加拉苏丹国等一系列古国的历史，就更容易理解不同历史城市之间在社会经济与文化方面的相关性、不同民族及其多元文化存在的状态以及部族之间武装冲突的历史渊源，也就可以更科学地制定因地制宜的研究及规划方案，避免把国内的一些习惯做法原封不动地移植过去。

为此，我们努力学习联合国制定的 2030 人类可持续发展目标、联合国气候变化框架公约、联合国人居署世界城市发展报告等重要国际文件，以及缅甸关于城市发展、遗产保护、民族共融合作等方面的文件。这种以缅甸历史文化及城镇发展现状为基础、以重要国际文件为指导的研究与规划思路得到缅甸

| 缅甸西部若开邦妙乌古城

图片来源：世界博览杂志社

政府、其他国际专家和教科文组织的赞同。根据当地不同民族间由于历史原因产生的矛盾，我们力图通过遗产保护促进民族和谐共存，避免武装冲突，并针对性地提出以遗产保护促进地方认同、社会经济发展的申遗理念。

尤其在当今国际地缘政治背景下，通过国际合作提高广大发展中国家可持续遗产保护利用的水平，提升遗产地的历史价值与当代价值，为当地树立具有国际水准的、融保护与发展为一体的示范项目，是我们积极参与妙乌项目的目的和价值所在。在国家文物局的大力支持下，妙乌案例成为迄今为止唯一一个以中国人为主，为"一带一路"共建国家做的保护规划和申遗项目。

我们在工作中与教科文组织、缅甸当地专家和来自意大利、印度、德国、法国、英国、澳大利亚等国的专家通力合作，形成以中国团队为主导的工作模式。国际专家大多以个人身份参加申遗工作，只有我们是以团队方式去工作的。所有的基础图、GIS系统、建筑测绘、保护规划等都是我们做的，申遗标准和范围划定也是在我们方案基础上经各国专家讨论决定的。在工作过程中，我们与缅甸同行有很密切的合作交流，无偿为他们提供了古城现状与规划基础性GIS数据。同时也为东南大学建筑学院培养了数十名优秀的研究生和本科生，这种难得的国外学习和工作经历为他们日后发展积累了很多的经验。希望他们能够为中国日益走向国际舞台的中央、为"一带一路"事业的发展做出更大的贡献。

董 卫 东南大学建筑学院教授，联合国教科文组织文化资源管理教席主持教授

用苏州园林向世界

讲述中国故事

——

贺风春

用苏州园林向世界讲述中国故事

贺风春

我对园林充满了感情，越来越知道园林不是种花种草，园林有深厚的文化底蕴，园林有很美的建筑，园林还有很多故事和空间。

中国园林作为东方园林最正宗的园林文化体系，它的传承使命我觉得是非常重要的。那么如何传承和发展？特别是在海外传承和发展园林，面对不同的国家、不同的民族、不同的生活方式、不同的意识形态，怎么能够让人家接受？我们本着一个核心的东西，我认为第一，美的生活、艺术的美，都是大家共同追求的，所以原则上首先是做"美"，把中国园林的美、苏州园林的美，把这些艺术的东西做好。让外国人在游园过程中不是简单地享受艺术的美，还应该理解你的文化内涵。通过建造过程文化的讲解，包括匾额、楹联，以及一些植物园林的故事，不断地进行传播，以一个带有实际的物质载体进行传播，让人非常易于接受。所以当时我们在波特兰的时候，波特兰就成立了苏州园林研究会，到现在它还在兰苏园里有办公室，有很多人就爱上了苏州园林，继而爱上中国园林，也会爱上中国的文化。后来我们在总结的时候，我们就说苏州园林在海外的传承，是一个不断提升改变的过程。

阶段一
片段式的经典复刻

中华人民共和国成立以后，第一个走向西方的园林，就是苏州园林——明轩。简单意义上来讲，它是一种园林的文化交流，更深远的意义，我觉得是文化传承和发展，包括给外交打开新局面。

如果说明轩当时只是一个亭、一段廊、一个厅堂，包括

纽约大都会艺术博物馆——明轩

图片来源：作者提供

一些家具和传统的山石、冷泉这样的创作是片段性的、符号性的，把最强烈的、最原真的这种符号移植在异国他乡，然后让外国人知道这就是中国，这只达到了第一步。

沿着这条路，我们苏州园林设计院后来在全世界很多地方做了大大小小不同的苏州古典园林风格的园林。中国园林流派众多，但苏州园林以它独特艺术价值、文化内涵，包括它多维的功能受到中国人以及世界各国人的喜爱，就在于它的美。我觉得美的东西是相通的，全世界人类都会追求美、热爱美。当你以这种最美的形态、最美的空间、最美的生活展现给大家的时候，大家才能够真正理解中国是什么、中国园林是什么。

阶段二
苏州园林的全景式展现

第二步我们就开始让他们完整地理解苏州园林不只有一块石头、一个亭、一池清水，它还有更多的空间艺术、文化艺术。苏州园林，像兰苏园，还有加拿大温哥华的逸园，这一类园林就更加完整地呈现了这些内涵。

美国波特兰市——
兰苏园

图片来源：作者提供

加拿大温哥华——逸园

图片来源：作者提供

阶段三
让江南园林融入城市生活

　　那么再往后发展，我觉得"形"做够了、艺术做够了，但你要让他们接受你，让园林从原来的欣赏，变成是他生活的一部分，他愿意把他的婚礼安排在园林里举行，他愿意把他重大的事情在园子里讲述分享，把他最高兴的时刻放到园林里来，然后园林又能够吸收他们的文化并传播出去，我觉得这就更好了。

　　所以我们后来就努力把苏州园林融入当地的环境，因地制宜，让我们的文化和他们的文化互融互惠。所以到做美国洛杉矶"流芳园"的时候，那就是完全打开的，在亨廷顿植物园整个大的自然山水里不再做围墙，打开了苏州园林的围墙，然后融入它的真山真水里面。做的厅堂建筑也契合了它的活动功能，要能演奏交响乐、要能安排书画展，还有相应的餐饮等活

美国洛杉矶——流芳园

图片来源：有方空间、
作者提供

动，要把园林的空间与这些活动结合，但是园林的样貌、风貌是中国的。结构上也在变，因为流芳园抗震要求很高，8级抗震，安全要保障，所以建筑采用钢木结构。当然，还要让人们在园子里逛得舒适，所以园子里要做地暖、要做空调，但这些地暖和空调都要非常隐秘、不露痕迹地融到我们的建筑里，藏在梁架体系里面，所以我觉得这又是一次让中国园林融入外国人的生活，让他们彻底喜爱上你的园林，让东方的文化和西方文化在园林里来碰撞交流。

阶段四
守正创新　营造低碳生态的江南园林

我觉得现在我们又在往第四个阶段走。去年荷兰的阿尔梅勒世界园艺博览会，我们有幸中标，园博会要求生态、环保、健康，还提出叫"可食园林"这个概念，而且要求半年的园博会结束以后，要全部清走，那么这时候怎么做？这就是新任务，我当时想想觉得有难度，后来想开了。首先是园林，我要把中国园林的艺术空间、造园艺术法则，在他们这个地方

荷兰阿尔梅勒世界园艺博览会——中国竹园

图片来源：作者提供

结合现场的植物、地形，巧妙组合，一看还是中国的山水骨架，中国的园林。现在要求是环保的，那我们就用竹、木这些材料，因为它是环保的、轻盈的、可拆卸的。那么更主要的是他们要求要可食、要疗愈心理，我想那再讲讲中国的中医、中医药文化，因此花都是中国的中药开的花，那我讲的故事就是中国的故事，中国园林的故事、中国中医学的故事、中国文化的故事。在里面我们又做了一些场景，比如说月桥相会，这些故事讲进去，外国人激动得不得了。就在园博园展览期间，就有人在里面拍婚纱照、举行婚礼。所以我觉得这又是一次再升级——园林走向海外的时候，跟时代是同步的，同步于它的科技、同步于它的生活要求、同步于它对绿色生态的概念的融合。

这四个阶段的过程，我想就是在传播园林文化以及园林文化背后的中华文化，一步一个脚印地在走。

在这个传播过程当中，其实我也觉得有很多感动。全世界对和平美好的追求是一致的，无论是相同的政治党派还是不同的，是白人、黑人还是亚洲人，我们构建的是一种美好的生活环境，一种艺术空间，一个让你赏心悦目、心情愉悦的地方。所以当去国外造园的时候，得到了很多人的支持。

用苏州园林向世界讲述中国故事

| 竹园：中国绘画展

图片来源：作者提供

用园林营造阐释中国文化精神

当时的兰苏园，我作为主设计师之一，又是设计监理，还要作为院里的领导指挥团队，我在场地上待了半年多的时间。实际上从募集资金开始，就给我很多感触。那块土地是西北燃气公司捐的，资金是当地政府拿了一个启动资金，剩下全部靠社会募捐，所以我们去的时候园子的建设资金还不足，当时我们第一个任务就是去募捐。我当时跟老院长两个人，我们就做了演讲稿，把积攒最美的苏州园林以幻灯片的形式呈现出来，讲山水意境、讲中国的植物的文化、讲中国的楹联故事，再讲一些"三山五岳"的神仙故事。就是这样在老百姓当中也去讲，讲的过程当中，当你讲到美的东西，讲到让他们感动的时候，他们是一掷千金的，老百姓更是这样。

我记得当时我们就说再募捐一点建材吧，就把屋架上的梁、瓦都标上了价格，然后开了一个募捐的聚会，会上我们就讲正脊它代表什么、它价值多少，一个花边滴水代表什么，花边滴水上面的蝙蝠又是什么故事？如意卷草什么故事……真的

197

| 兰苏园

图片来源：作者提供

是大家听完了之后，有钱的出钱有力的出力。我记得当时有一名女士，她在中国的孤儿院领养了 4 个残疾孩子，她带着 4 个孩子到现场去，让孩子听我们讲，然后让孩子们捐款。小孩子拿自己一个 25 美分（硬币）说："阿姨我捐一个。"我刚想说花边滴水好像不够，但是我想不对，应该说很好。我说："阿姨把那片写上你的名字。"于是现场让师傅摘下来，在后面用笔写上孩子的名字，孩子高兴得不得了。所以我觉得，看到这些事情，你不觉得美是人类共同的追求吗？和平是大家内心最向往的！

用园林反映人类共同追求和愿景

还有一次到法国去设计修筑园子，在法国的里尔，我们先做了一个上海豫园 0.8 比例的一个茶亭，用钢结构做的，纯钢结构做，然后仿木处理，瓦是仿砖瓦处理，但其实都是钢结构。中法文化交流年，我们就摆在大教堂广场前面，又用盆栽栽了很多竹子摆在边上，形成一种中国的非常清雅的

| 竹园

图片来源：作者提供

竹林当中饮茶的空间。结果没想到第二天我去现场的时候，
法国的老百姓就排着"Z"字形的长队，排队等着到里面去喝
杯茶，而且限时喝茶。所以我觉得这就是文化的魅力，是对
中国文化天人合一思想、人与自然和谐相处、天下大同思想
的认同。

所以小小的一个亭子、一杯茶、一盆竹子，就让大家这
么喜欢，所以后来我就更坚定信心，把"园林走向海外"也当
作设计院的一个非常重要的业务，我们就通过民间不断地联
系，民间的、官方的，个人的、公共的这些，只要有一个亭，
他们想造，我就愿意给他造，他要做一个小牌坊，我就可以
做，甚至堆一个假山也可以。

我觉得正是这样一砖一瓦的积累，一亭一石的积累，一
树一花的积累，形成他脑海里的中国园林，形成他对中国文化
的第一印象，最后就能够接受你的文化。

苏州园林项目

美洲、大洋洲

序号	国家/地区	项目名称	建设时间
一、园林式庭院			
1	美国	纽约大都会艺术博物馆"明轩"庭院	1979年11月—1980年4月
2	美国	佛罗里达"锦绣中华"公园	1992年3月—1993年12月
3	美国	美国斯坦顿岛寄兴园	1997年9月—1998年12月
4	美国	凤凰城	1999年—2000年
5	美国	俄勒冈州波特兰市"兰苏园"	2000年3月—8月
6	美国	纽约长岛"世外中国园"	1999年5月13日—2003年
7	美国	美国南卡罗那州Douglas Mahan"中国小庭院"	2004年6月—2005年4月
8	美国	美国洛杉矶流芳园	2005年—2019年
9	加拿大	温哥华中山公园"逸园"	1985年3月—1986年4月
二、园林建筑、构件、模型			
1	美国	阿德兰特市牌楼	1985年
2	美国	纽约花卉展"歇山亭"(惜春园)展销	1989年2月—1989年3月
3	美国	纽约大都会艺术博物馆亚洲艺术画廊	1995年9月—1996年1月
4	美国	波特兰市市政厅广场"奇石通灵"大型太湖石峰	1998年6月
5	美国	长岛罗伊·安德森公司《六角亭景观和景观材料配置及安装工程》	2006年1月—10月
6	美国	美国俄勒冈州黄山石工程有限公司"园林方亭构件制作"	2007年8月
7	澳大利亚	墨尔本唐人街"棂星门"	1985年1月—1986年1月
8	澳大利亚	歇浦敦市国际村	1986年1月

欧洲

序号	国家／地区	项目名称	建设时间
一、园林式庭院			
1	荷兰	中国园（1992年荷兰世界园艺博览会中国花园）	1992年
2	德国	德国斯图加特清音园	1993年3月—9月
3	德国	德国中国园工程	2002年2月—7月
4	马耳他	静园	1995年—1996年
5	荷兰	中国园（2002年荷兰世界园艺博览会中国花园）	2002年
6	法国	中法文化年里尔"上海街""湖心亭"	2003年10月—2004年3月
7	爱尔兰	爱苏园（爱尔兰第五届布鲁姆园艺节）	2011年3月—5月
8	瑞士联邦	世界贸易组织中国花园工程（瑞士日内瓦市内）	2012年6月—12月
9	荷兰	中国竹园（2022年荷兰阿尔梅勒世界园艺博览会）	2022年
二、园林建筑构件、模型			
1	英国	六角亭	2001年12月
2	俄罗斯	六角亭	2006年
3	意大利	威尼斯建筑双年展（同里耕乐堂模型）	2006年7月—9月
4	瑞典	瑞典远东博物馆园林模型项目	2007年4月—5月

亚洲

序号	国家 / 地区	项目名称	建设时间
一、园林式庭院				
1	新加坡	裕华园内"蕴秀园"	1991 年 5 月—1992 年 3 月
2	新加坡	新加坡双林寺重建	1995 年 12 月—1998 年 1 月
3	新加坡	新加坡同济院	1997 年 1 月—11 月
4	日本	日本大阪同乐园	1990 年 4 月—12 月
5	日本	日本孔子公园	1991 年 10 月—1992 年 7 月
6	日本	池田市"水月公园"齐芳亭	1993 年 2 月
7	泰国	泰国智乐园维修项目	2003 年 4 月—2004 年 1 月
8	中国香港	香港九龙寨城公园	1994 年 6 月—1995 年 12 月
9	中国香港	香港九龙荔枝角公园	1998 年 11 月—2000 年 6 月
10	中国台湾	多而多房地产开发公司"水都庭园"	1991 年
二、园林建筑、园林构件、园林模型				
1	日本	池田、金泽市"源远流长"石牌坊 2 座	1991 年
2	日本	东京中国饭店中国式庭园小景工程	2000 年 8 月—10 月
3	日本	东京鹤岗八幡宫神社"牡丹园"假山石峰	1993 年 11 月
4	日本	金泽市"金兰亭"	1994 年 9 月 7 日—1994 年 10 月 20 日
5	日本	石川县加贺市"荷风四面亭"	1997 年 10 月 6 日—1997 年 11 月 7 日
6	韩国	牌楼	2005 年
7	韩国	苏州"网师园"模型制作	2009 年 4 月 15 日—2009 年 8 月 30 日
8	中国香港	"蓬莱仙阁"模型	1991 年
9	中国香港	香港志莲净苑	1997 年 7 月—2000 年 11 月
10	中国台湾	桃源县"小人国"园林模型	1991 年

贺风春　江苏省设计大师，江苏省建筑与历史文化研究会副会长，苏州园林设计院股份有限公司董事长